教育部“新世纪优秀人才支持计划”（NCET－06－0123）资助

中国城市森林环境效益评价

Evaluation of Environmental Benefits of Urban Forest in China

张　颖　著

Zhang Ying

中国林业出版社

图书在版编目（CIP）数据

中国城市森林环境效益评价 / 张颖著. —北京：中国林业出版社，2010.6

ISBN 978-7-5038-5844-4

Ⅰ. ①中…　Ⅱ. ①张…　Ⅲ. ①城市-森林-生态环境-经济评价-中国
Ⅳ. ①S731.2

中国版本图书馆 CIP 数据核字（2010）第 099424 号

出　版：中国林业出版社（100009　北京西城区德内大街刘海胡同 7 号）
网　址：www.cfph.com.cn
E-mail：cfphz@public.bta.net.cn　　**电话**：（010）83225764
发　行：新华书店北京发行所
印　刷：北京地质印刷厂
版　次：2010 年 6 月第 1 版
印　次：2010 年 6 月第 1 次
开　本：880mm×1230mm　1/32
印　张：7.25
印　数：2000 册
字　数：216 千字

前言 〉〉〉〉〉〉

目前，我国城市发展进入加速期，城市化率已由1993年的28%提高到2008年的45.68%。但随着城市的发展，如何改变城市环境恶化、能源、资源环境压力加剧等问题，是我国城市化发展所必需面临和解决的主要问题。根据世界银行的统计资料，我国城市化率比世界平均水平低10个百分点，比世界发达国家平均低30个百分点。因此，我国的城市化率会进一步提高，城市环境问题也会更加突出。根据统计，全国有400座城市缺水，其中110座严重缺水，人口在100万以上的32个大城市则普遍缺水；全国城市大气污染物中粉尘和颗粒物的数量比郊区高10倍，硫化物、氮化物、碳化物等有害气体比郊区高5~20倍，一半以上城市的空气质量低于世界卫生组织的标准。2007年，全国建成区绿化覆盖率为35.3%，人均绿地面积9m^2，但不断受到城市建设的挤占。因此，城市化进程正面临人口数量不断增多、资源短缺不断扩大和环境负荷不断加重的压力，加快城市生态环境保护与建设，改善城市的生存与发展条件已成为当务之急。近10年来，城市森林在城市环境建设中的独特地位开始受到中央和地方决策者的重视，1994年国务院通过的“中国21世纪议程——中国人口、环境与发展白皮书”明确提出要强化城市的绿化、美化工作，此后通过的“21世纪议程——林业行动计划”进一步确定了“建设布局合理的城市森林环境，到2000年人均公共绿地面积达到7m^{2}以上，2050年达到25~50m^2”的行动目标，从而有力推动了绿化、美化城市的浪潮。越来越多的城市决策者意识到，森林在城市发展中有着重要的作用，发展城市森林不仅是一项利国

利民的重要公益事业，也是改善城市环境、提高城市身价、增强城市竞争力的有效手段。因此，开展城市森林环境的影响评价及其政策研究，对于克服日益严峻的城市生态环境、促进城市的可持续发展和实现“城市必须与森林共存”，“将森林引入城市，把城市建立在森林中”的现代化城市理念有重要的价值和意义。

2008 年，我国城市数量 655 个，比 1978 年增加 462 个，其中地级及以上城市由 1978 年的 111 个增加到 287 个。人口数量 37156 万人，比 1978 年增长 1.2 倍。全国城市行政区域土地面积 62.2 万 km^2（不包括市辖县），比 1978 年增长 2.2 倍，其中建成区面积为 2.8 万 km^2。地级及以上城市实现地区生产总值 15.70 万亿元，占全国 GDP 的 62.9%。但研究表明，我国城市森林面积按城市建成区面积计算仅为 0.95 万 km^2，蓄积量 3278.45 万 m^3，与当今世界一些发达国家 60% 以上的城市森林覆盖率相比相差甚远！

城市森林是城市生态系统的初级生产者，在改善城市生态环境质量，维护城市生态系统稳定，促进城市可持续发展中发挥着不可替代的作用。18 世纪中叶以来，工业革命促进了生产要素和社会功能在城市的集中，创造了代表人类高生产力和高度文明的城市型生产方式与生活方式，也逐步形成了具有单调性、脆弱性、依赖性特征的城市生态系统。随着世界范围内城市化进程的加快，人们在享受城市化所带来的丰富物质和精神生活的同时，却不得不面对日益严峻的生态环境，人口爆炸、能源危机、资源短缺、环境污染等引发的诸多“城市病”，并且它已成为人们普遍关注的社会性问题。自从 1965 年美国林务局率先提出城市森林发展规划以来，城市森林在世界各国迅速发展起来，先后出现了华盛顿、堪培拉、巴黎、华沙、东京、圣地亚哥、新加坡等一批绿色城市的优秀之作。城市森林已被视为现代化城市的一个重要标志，发展城市森林也是根治城市环境污染的根本之策。

本书共 11 章。前 9 章结合我国城市森林的发展情况，主要对环境影响评价的理论、方法、政策等进行了研究，并对我国城市森林的环境影响进行了评价。后 2 章主要进行了北京市、井冈山市城市森林环境影响的具体案例研究。本书的主要内容包括：（1）城市森林环境影响评价概要：介绍了城市森林环境影响评价在城市发展中的意义、作用及城市森林环境影响评价的国内外研究情况。（2）城市森林现状调查与评价：主要对我国城市森林的面积、蓄积等进行了调查、估算。（3）城市森林环境影响识别和评价的指标体系：主要对城市森林环境影响进行了界定，并建立了评价的指标体系。（4）城市森林对经济环境的影响：主要研究了我国城市森林对林业产业产值的影响，并计算了城市森林资产的价值。（5）城市森林对生态环境的影响：这是本书的一个重点，主要计算了城市森林保护生物多样性、固定 CO_2、净化空气、对所在地局部降温、增加水量、改善水质的价值。（6）城市森林对社会环境的影响：研究了城市森林对就业机会的影响，并计算了城市森林游憩价值，科学、文化、历史价值和增加所在地商业销售额的价值。（7）城市森林对居民发展的影响：主要研究了城市森林与 GDP、恩格尔系数、居民生活环境和城市科技水平的关系，并具体计算了对居民发展的影响。（8）城市森林生态风险损失评价及其管理：主要对火灾的风险损失、森林病虫鼠害的风险损失和城市征占用林地及乱砍滥伐等损失进行了计算，并对有关风险管理进行了研究。（9）城市森林发展政策：在上述研究的基础上，主要对城市森林发展的公众教育政策、所有者政策等进行了研究。（10）北京市森林风险影响因素的分析研究：主要对北京市森林火灾、病虫鼠害、人为干扰胁迫等风险影响进行了定量研究。（11）井冈山市森林游憩价值评价研究：采用条件价值法对井冈山森林游憩价值进行了全面、系统、深入的研究。

本书内容有三个方面创新：（1）采用统计分析的方法，首次对我国城市森林面积、蓄积、覆盖率等进行了较全面的计算，即我国城市森林面积按城市行政区域土地面积计算为 162.1 万 km^2、蓄积 559 407.1 万 m^3；按城市建成区面积计算，面积为 0.95 万 km^2、蓄积为 3278.45 万 m^3；按建成区绿化覆盖面积计算，城市森林面积、蓄积分别为 1.02 万 km^2 和 3520.02 万 m^3。2007 年计算的全国城市森林平均覆盖率为 34.27%。（2）首次对我国城市森林的环境影响进行了全面、系统的评

价，即我国城市森林每年的环境影响总价值为1103.55亿元。其中，每年经济环境影响占总价值的20.37%；生态环境影响占64.79%；社会环境影响占15.98%；生态风险损失占总环境影响的－1.14%。这一研究为城市森林管理提供了依据。（3）首次对我国城市森林的生态风险损失进行了评价，并提出了加强城市森林生态风险损失的管理问题，即我国城市森林按建成区绿化覆盖面积计算，每年的火灾、病虫鼠害、城市征占用地和乱砍滥伐的风险损失为12.61亿元，其中，征占用地和乱砍滥伐的损失所占的比重最大。加强城市森林征占用地和乱砍滥伐等人为干扰胁迫等风险管理是当务之急。

在该项目研究和本书编写过程中，得到了国家统计局核算司曹克瑜处长的大力支持，也得到北京林业大学宋维明副校长、科技处张力、经济管理学院刘俊昌院长、温亚利副院长的帮助。另外，北京林业大学研究生王莉、葛廷婵、吴丽莉、杨志耕、刘丹等参与了部分数据的收集、整理和计算，经济管理学院资料室的张琳老师也给予了大力的支持，在此一并表示衷心的感谢！

千里之行，始于足下。对城市森林环境影响的研究是一个新的课题，相信本书会对科研、教学单位，尤其对从事城市森林管理的单位有一定的参考价值，也对城市管理者和政策制定者有一定的参考作用。

由于时间短，研究内容复杂，书中错误在所难免，敬请广大读者批评指正。

作者

2010.4.20

Foreword

At present, urban development enters the accelerated period, and the rate of urbanization has increased from 28% in 1993 to 45.68% in 2008. But with the development of the city, how to solve the problems, such as the deterioration of urban environment, the pressures of energy, resources and environment, has become the pressing issues faced and to be solved in the development of urbanization in China. According to World Bank's statistics, the rate of Chinese urbanization is 10 percentage lower than the world average and 30 percentages lower than the average in developed countries. So as the further rising in the rate of China's urbanization, the issue of city environment will become more prominent. In China, 400 cities are in the lack of water, in which 110 cities are in serious lack of water and 32 large cities with 1 million people are in general lack of water. The amount of dust and particulate matter in air pollutants in national cities is ten times larger than that in rural areas, and the number of sulfide, nitride, carbide and other harmful gases is 5 to 20 times larger than that of in rural areas. Besides, more than half of the cities' air quality is lower than the World Health Organization standards; In 2007, green coverage rate in the country's built – up area is 35.3%, and the per capita green area is only 9m^2, but which are continuing occupied by urban constructions. Therefore, the process of urbanization is facing the issues of growing in population, shortage of resources and the stress on environmental load which make the protection and construction of urban ecological environment and improvement of living and developmental condition become the priority. Over the past 10 years, central and local decision – makers are paying more attention to the unique position of urban forest in the urban environ-

mental construction. The State Council passed in 1994, "China Agenda 21 – China's Population, Environment and Development White Paper" has clearly proposed to strengthen the work of city's greening, landscaping, and then the "Agenda 21 – Forestry Action Plan," is further defined as to construct rational layout of urban forest environment, and by 2000 the per capita public green area would be more than $7m^2$, and finally achieve the goal of 25 ~ $50m^2$ by 2050. All of the goals can help promoting greening and beautifying cities. As a result, more and more decision – makers are aware of the importance of forest in the development of cities. Developing urban forest is not only an important public welfare, but also an effective means of improving the urban environment and enhancing the urban competitiveness. Therefore, carrying out environmental impact assessment of urban forest and its policy research are important in overcoming the increasingly serious urban ecological environment problem, promoting urban sustainable development and achieving the modern urban concepts such as "urban and forest must co – exist" and "bring forest into urban and build the cities in the forest" .

In 2008, the number of cities in China is 655, with an increase of 462 cities from1978. Among them, the number of cities above the prefectural level are 287 which are 111 in 1978. And the number of population is 371, 560 thousand which is 1. 2 times larger than that in 1978. National urban land area is 622 thousand km^2 (excluding the counties under municipal jurisdiction) which is increased by 2. 2 times from 1978, and the built – up area is 28 thousand km^2. The GDP (Gross Domestic Product) of cities above the prefectural level is 15. 7 trillion yuan which account for 62. 9%. But research shows that urban forest area in China which is calculated by the built – up area is 9. 5 thousand km^2, and the forest stock is 32784. 5 thousand m^3. All of these are far behind some developed countries which the urban forest coverage is more than 60%.

Urban forest is the primary producer in urban ecological system which plays an irreplaceable role in improving the quality of urban ecological environment, maintaining the stability of urban ecological system, and promoting urban sustainable development. Since the mid – eighteenth century, the Industrial Revolution has promoted the factors of production and social function concentrated in urban, creating urban production and life style which represented human high productivity and civilization, and gradually having formed a monotonic, fragile, dependent urban ecological system. With the acceleration of urbanization process worldwide, people are enjoying rich materials and spiritual life brought about by urbanization. But people also have to face the increasingly serious ecological environment problem and many "urban illnesses" caused by population explosion, energy crisis, resource shortages, environmental pollution which have become the social issues of common concern. Since the United States Forest Service first proposed the developmental plan of urban forest in 1965, urban forest has developed rapidly in the world and has sprang up many excellent green cities, for example, Washington, Canberra, Paris, Warsaw, Tokyo, San Diego, and Singapore. Urban forest is regarded as an important sign of a modern city, and becomes the fundamental strategy in solving urban environmental pollution.

This research includes 11 chapters. The first 9 chapters mainly study the theories, methods and policies in environmental impact assessment and evaluate environmental impact of urban forest. The last 2 chapters mainly carry out the case studies about the environmental impact of urban forest in Beijing and Jinggangshan. The research includes: (1) Summary of environmental impact assessment of urban forest, introducing the significance, function and the research situations at home and abroad of environmental impact assessment of urban forest. (2) Survey and Evaluation of urban forest. It mainly investigats and estimates the area and growing stock of urban forest in China. (3) Index system of urban forest environmental impact identification and evaluation. The urban forest environment and the index system are defined and established. (4) Urban forest impact on the economic environment. It studies urban forest impact on the output of forestry industry and calculates the value of urban forest assets. (5) Urban forest impact on ecological environment. This is a key point of this study. It calculates the value of the urban forest in conserving biological diversity, fixing CO_2, purifying the air, cooling the urban, increasing the amount of water, and improving the quality of water. (6) Urban forest impact on the social environment. It researches the urban forest effects on

employment opportunities, and calculates the value of urban forest recreation, science, culture and history and increased local commercial sales. (7) Urban forest impact on residents' development. The study shows the relationship between the urban forest and GDP, Engel's coefficient, the residents living environment and the level of urban technology. It specifically calculates the impact on the residents' development. (8) Evaluating the loss of urban forest ecological risk and its management. It calculates the risky loss of fire, forest insect pest and rat damage and expropriated urban forest land and deforestation, and then studies the relevant risky management. (9) Policies of Urban forest development. Based on the above studies, it also made research on public education policies and owners' policies of urban forest development. (10) Analyzing Beijing forest's risky factors. It focuses on doing quantitative researches of risky factors in forest fire, forest insect pest and rat disease, human interference, and so on. (11) Study on the value of forest recreation in Jinggangshan, conducting the comprehensive, systematic and in-depth study on Jinggangshan's forest recreational value, with the method of Contingent Valuation.

There are 3 innovations: (1) It has comprehensively calculated urban forest area, stock and coverage with the method of statistical analysis for the first time in China. Urban forest area in China is 1.621million km^2, and stock is 5.5594 billion m^3 which are calculated by the urban land area. If they were calculated by urban built-up area, the area is 9500 km^2, and the stock is 32.7845 million m^3. The urban forest areas is 10200 km^2 and the stock is 35.20 million m^3 which are calculated by built-up greening coverage area. It has also calculated the average urban forest coverage in China as 34.27% in 2007. (2) Comprehensive and systematic evaluation on the environmental impact of Chinese urban forest for the first time. The total valuation on environmental impact of urban forest is 110.355 billion RMB yuan per year. Among them, the valuation of annual economic impact accounts for 20.37%, the valuation of ecological environmental impact accounts for 64.79% and social environmentaleffects accounts for 15.98%; Ecological risky loss accounts for -1.14% of environmental impact. These studies provide a basis for urban forest management. (3) Evaluating and strengthening the management of the ecological risky loss of Chinese urban forest for the first time. It has calculated built – up area green coverage, the risky loss of annual fires, pests and rodents, expropriated urban forest land and deforestation as 1.261 billion yuan. Among them, the loss of expropriated urban forest land and deforestation accounts for the largest share. As a result, reinforcing the risky management in expropriated urban forest land and deforestation has become a priority.

During the research, precious support has been got from Mr. Cao keyu who is the director of National Bureau of Accounting Division, and great help from vice President Song weiming, deputy director of Science and Technology Agency Zhang Li, dean of economics and management Liu Junchang, assistant dean Wen Yali in Beijing Forest University. What's more, graduate students Wang Li, Ge Tingchan, Wu Lili, Yang Zhigeng, Liu Dan in Beijing Forest University have collected, sorted out and calculated part of data, and Zhang Lin in reference room of School of economics and management has provided great support too.

A journey of a thousand miles starts with a first step. The study on the urban forest environmental impact is still a new issue. We believe that the research would have reference value for related research and teaching units, especially for those who engage in the management of urban forest, including urban managers and policy makers. Because of the limited time and the complexity of the research, mistakes are inevitable. The author is willing to take all the responsibility for the mistakes in the book!

Zhang Ying
April 20, 2010

目 录

Contents

第1章 城市森林环境影响评价概要

城市森林生态服务功能是城市森林的主体服务功能，是当前城市生态系统研究的热点之一。凡是城市森林生态系统服务功能发挥作用，对城市环境产生影响的服务功能，均属于城市森林环境影响评价的范畴。由于对这些服务功能的认识在不断深入，因而对城市森林环境影响的认识也在不断深入。因此，城市森林环境影响评价的范畴是一个动态、不断发展变化的过程。

1.1 城市森林环境影响评价在城市发展中的意义、作用

城市是以人类的技术和社会行为为主导，生态代谢过程为经络，受自然生命支持系统所供养的“社会—经济—自然复合生态系统”（马世骏，1984）。这一定义已被各国城市生态学家所采用。另外，Tayler 还根据此定义提出了城市复合系统设计模型。城市生命支持系统包括区域生态基础设施的承载力及生态服务功能的强弱，城乡物质代谢链的闭合和滞后程度，以及景观生态的时空量构序的整体性。城市森林是重要的城市生态基础设施，为城市生命系统的主体。现代化的城市建设不可缺少城市森林这一块，它是城市可持续发展的基础和保障，并决定着城市生态系统的生存和发展。

现代工业的发展，加速了城市化的进程。城市的迅速扩张和城市进程的加快，一方面拉动了城乡经济的发展，给人类带来了现代文明，促进了社会、经济、文化和科学的发展，另一方面也带来了“城市环境综合症”。迅速增加的城市人口给城市资源环境以很大的压力，工业的发

展又造成环境的污染而影响人类生存环境。能源危机、资源短缺、城市环境污染不但影响人类生存环境，而且制约着经济的发展。这些问题，不可能依赖于城市自身净化能力来解决。城市森林具有减少“热岛”效应、净化空气和水质、调节碳氧平衡、涵养水源等功能，并具有调节城市净水供应、保持生物多样性、森林旅游、防治水土流失，减免地质灾害和美化环境等作用，是城市生态系统环境的调控器。

城市森林生态服务功能是城市森林的主体服务功能，是当前城市生态系统研究的热点之一。它的形成机制和调控机理还需做进一步的研究。城市森林生态系统是森林生态系统的分支，也是城市生态系统的重要组成部分。由于城市森林兴起的时间不长，加上它是应城市生态发展需要而诞生和发展的，所以，其发展水平滞后于城市的发展研究。城市森林生态系统服务功能的研究还刚刚起步，开展城市森林的环境影响评价及其政策研究，无论从理论上还是实际意义上都是十分必要的。

此外，目前在城市发展的研究中，不同国家的一些林学家，从人类生活和生存的角度出发，把研究的重点转向城市，提出城市森林的概念，力图在城市市区和城郊发展城市森林，把森林引入城市，让城市坐落在森林中，利用城市森林生态服务功能来增强城市生命支持系统的能力，调节和改善城市人居环境（叶镜中，2000）。为城市服务的森林由于其服务目标和森林结构、环境与一般森林存在着较大的差别，具有特有的特性，因此，城市森林的概念代表特有的含义（陈昌笃等，1994）。开展城市森林的环境影响评价及其政策研究，对城市森林的发展具有重要的意义和作用。

1.1.1 意义

（1）促进城市森林生态服务功能的管理

目前，国内外虽然对城市森林的环境影响评价进行了一定的研究，尤其对环境影响的指标体系进行了研究，但主要集中在对森林生态服务功能评价指标体系的研究上。一方面为了追求指标体系的完备性，不断提出新指标，使指标数目不断增大；另一方面，由于缺乏科学有效的指标筛选方法，大都是靠评价者的经验选择指标，故存在很大的主观性。建立一套能客观、全面、准确并定量化反映生态服务功能和环境影响的评价指标或指标体系，以生态经济理论和系统分析原理为指导，选择定性与定量相结合的原则和方法，有利于促进城市森林生态服务功能的管理。

（2）实施城市可持续发展战略的需要

从 1987 年联合国环境与发展委员会在《我们共同的未来》一书中首先提出“可持续发展”的命题，到 1992 年世界环境与发展大会通过《实际议程》，再到 1996 年联合国第二届人类住区大会通过《伊斯坦布尔宣言》和《人居议程》，可持续发展已成为时代的最强音，“安全、富裕、健康、平等”已成为人类住区建设的共同目标。以保持自然生态良性持续发展为基础，使经济发展与人口、环境、资源的承载力相协调，是可持续发展战略的基本条件。以往人类建设城市获取的主要教训之一是使城市远离了自然，导致城市环境严重恶化而直接制约着城市的可持续发展，它深刻地揭示了一个严酷的规律：城市中自然环境的丧失，将是城市生存与发展的一种必备基本条件的丧失。城市森林是关系城市可持续发展的重要环境因素，本书通过对城市森林环境影响的评价及其发展政策的研究，旨在寻求森林价值与城市经济发展的平衡点，由此引导城市规划建设布局朝着健康、持续的人居环境方向发展，同时也为国家制定城市可持续发展经济政策提供依据。

（3）城市森林有效经营管理的需要

随着经济与社会的发展，人们对生态及优美环境的需求越来越迫切，生态环境已成为吸引人才、科技、资金的一项重要影响因素。城市森林是城市生态环境建设的重要资源和载体，加强城市森林经营管理是提高环境资源生态功能、促进城市生态环境建设的一项重要措施。在市场经济条件下，要充分利用市场机制，走产业化经营管理道路。这就要求深入研究城市森林的环境影响，并对其价值影响的大小进行深入的分析，来指导城市森林的规划、管理与建设，以实现城市森林系统的高效利用和持续发展。同时，开展城市森林的环境影响研究，还可以为政府制定宏观调控政策提供科学依据，以保证城市森林建设和管理能按照市

场经济的规律运行。

1.1.2 作用

城市森林的环境影响评价是城市生态规划的重要依据。对包括森林绿地、水、土、能源和生物地球化学循环等在内的生态服务功能对城市环境的影响进行评价研究，可为城市建设规划提供生态学基础。尤其对社会经济发展对城市森林的生态服务功能的影响进行评价，进而对生态服务功能对城市环境的影响作出定量分析，对城市森林生态服务系统和城市森林的管理，城市小气候的改变及城市森林发展的政策制定等有重要的作用。

1.2 城市森林环境影响评价的基本范畴

1.2.1 城市森林的概念

美国林业工作者协会给出的定义："城市森林是林业的一个专门的分支，其目的在于栽培和管理那些对城市社会的生理、经济的健康具有实际或潜在效益的林木"（Gene W. G.，1996）。

但 Garye Moll 认为"城市森林不是林业的一个分支，而是建立在城市规划、风景园林、园艺、生态学等基础上，着重研究城市森林的生态、社会和公共卫生价值的一门新兴学科"。

Grey 等认为，城市森林包括行道树、公园、街区游园及住宅区的所有树木，它是城市环境的重要组成（Grey G. W.，Deneke F. J.，1978）。Gobster 把城市森林定义为"城市内及人口密集的聚居区周围的所有木本植物及与其相伴的植物，是一系列街区林分的总和"（Gobstter P. H.，1994）。德国 Flack 提出了广义的城市森林的概念，即"城市森林包括城市周边与市内的所有森林"，但此定义不包括传统的城市绿地、公园、庭园、行道树等（Cecil C. et al，2007）。

可以看出，美国学者认为城市森林包括城市内的所有树木，是不同于一般意义上的森林，他们也十分注重对一些散生树木的生态功能和经济、社会价值的研究。而在欧洲一些国家，比如英国、德国、芬兰，城市周围大多都有大面积的森林，城区内的林木也得到了很好的保护，自然或近自然森林在城市范围内保留的很多，而且气候条件也比较好，土地利用以畜牧业为主，他们对城市森林的研究主要是集中在城市郊区的森林或城市内部比较大的林地，也就是说，他们认为城市森林基本上还是一般意义上的森林。

台湾大学高清教授认为城市森林是一门新兴的学科，其研究范围包括“庭园树的建造、行道树的建造、都市绿化的造林、城市风景林与水源涵养林的营造”（高清，1984）。李永芳指出“城市森林是园林和林业融为一体的多功能林业，是城乡一体化、林园融为一体的林业，是高生态和高效益有机结合的林业，是全民受益和全民投入相一致的林业”（高清，1984）。张建国对城市森林的定义为：“城市森林是社会林业的一个类型，它不属于传统的林业专业组织。城市森林是城市社会经济发展的一个组成部分。根据城市社会、经济、生态发展的要求来确定城市森林的发展宗旨，并由城市居民参与林业活动。为了改善居民生活、生产环境，城市森林具有多功能、多效益，是城市区域的一种社会林业类型”（张建国，1997）。何兴元、李海梅等给城市森林的定义为：“生长在城市（包括城郊）的对所在环境有明显改善作用的林地及其相关植被。它是具有一定规模、以林木为主体、包括各种类型（乔、灌、藤、竹、草本植物和水生植物等）的森林植物、栽培植物和生活在其间的动物（禽、兽、昆虫等）、微生物以及它们赖以生存的气候与土壤等自然因素的总称”（何兴元等，2002）。王义文认为城市森林是“在城市地域内，精心设计、精心种植、精心养护管理以乔木为主体，包括乔木、灌木、藤本植物、竹类、苔藓、地衣、野生动物（特别是鸟类）、微生物在内的生物群落及园林小品设置的艺术品”（王义文，1994）。吴泽民认为，城市森林常常被称为城市的 Savanna 群落，是特殊环境中的稀疏草地（吴泽民，1993）。

城市森林概念在不同学者间的认识不同，有的相差较大，但基本观点相同：①城市森林在组成结构上是以林木为主体，包括乔、灌、草等

的有机配置与布局；②城市森林是一门新兴的交叉学科；③它具有重要的生态服务功能，它的宗旨是为城市社会经济的发展、城市生态系统的健康和城市居民的生活服务。城市森林与自然林相比，主要功能不是提供木材，而更侧重于保持、调节与改善城市生态环境，维持生态系统的良性循环等。

1.2.2 城市森林的范围

由于对城市森林的概念各有侧重，对其范围的确定也会有所不同。国外有人认为，由市区出发外出游览能当天返回所涉猎的范围属于城市森林范围；Miller 认为城市森林是人类密集居住区内及周围所有植被的总和，它的范围涉及城市较小社区甚至整个大都市；日本的城市森林包括市区园林和郊区绿化，从城市森林隶属关系和管理形式上可分为公共绿地、共同绿地和私人绿地等（白秀萍，1993）。美国在向郊区发展的过程中也将水源涵养林或风景林的经营纳入城市森林学的研究范围（FAO，1998）。欧洲不少国家的城市森林也包含相似的成分，认为城市森林可以以小汽车从市内出发，当天到达并能返回的距离的森林都属于城市森林（Kukeheknelsiter G.，Braocts S.，1993）。

国内有关学者将城市森林的范围确定为：城市周围或附近一定范围内以景观、旅游、运动和野生动物保护为目的的森林。高清认为城市森林研究的范围包括："庭园木的建造，行道树的建造，都市绿化的造林与都市范围内风景林与水源涵养林的营造"。王义文认为凡是城市范围内的树木及其他植物生长的地域，以及该地域内的野生动物、必须的园林小品等设施，都列为城市森林的范围（王义文，1994）。王林木认为城市森林的范围与城市行政管辖的范围不一致（王木林，1995）。城市行政管辖的范围习惯上指大、中城市的市区和近郊、小城市所在镇的范围，而城市森林的范围包括生态、景观功能和物质方面经常与城市稳定交流的所有林地。

总之，在城市周边范围内有结构不同、面积不一的森林，能否将其划分为城市森林，应以其能否为城市环境的改善起到主要作用作为判断的标准。对于城市周边范围内的各种防护林、水源涵养林、风景林、调节气候林，甚至一些生产型的森林，因其能改善城市生态环境，可以阻止各种外来因素的侵袭以保护城市环境，也应该划为城市森林范围，加以保护，并以立法的形式确定其地位。

1.2.3　城市森林与一般森林和林业的关系

城市森林与一般森林的区别为：一般森林是以乔木为主体组成的植物群落，一般具有乔木层、下木层、草本层和层间植物的主体结构。植物群落是某一地段上全部植物的综合，它具有一定的种类组成和种间的数量比例，一定的结构和外貌，一定的生境条件，执行着一定的功能，其中植物与植物、植物与环境间存在着一定的相互关系，它们是环境选择的结果，在空间上占有一定的分布区域，在时间上是整个植被发育过程中的某一阶段。传统的森林经营目的是以提供木材为主，而现代的森林经营目标是既提供森林主、副产品，也提供多种生态服务功能。它们以林学、森林生态学和可持续发展为理论指导。而城市森林是森林的一个分支，是森林和园林的融合，其主要功能是为城市的生态平衡和城市的人居环境提供生态服务。城市森林源于森林与园林的融合，但其结构、功能产品、服务内容对象和人类的参与程度都明显地区别于一般森林。无论从生境还是从功能，城市森林都具有其独特性，它不同于天然林或乡村林。

城市森林与林业的区别：林业是培育和保护森林以取得木材及其他林产品，并发挥森林的生态效益以保护环境、改善环境、美化环境的事业（姚庆渭，1990）。“生态林业”是以生态系统的理论和方法为依据的多样性林业生产体系，是根据“生态利用”原则而组织的森林经营制度，是现代林业的基本经营模式。现代林业是以满足人类对森林的生态需求为主，多效益利用的林业。它们是以研究森林为对象的。城市森林是城市林业经营的主体。城市林业是“培育和管理林木，对城市社会居民的生理健康、社会福利和经济繁荣发挥作用的一种高尚事业”。城市林业与林业之间在经营的内容和目标间仍存在很大的区别。城市林业

不再以获得立木材积为主要目的，而是致力于在城市及城市邻近区提供环境保护和休闲游憩的功能，它关注的不仅是乔木经营，而是乔灌草相结合的城市森林生态系统经营（张建国，1986）。城市森林是“城市林业”经营的对象，城市林业是一种事业，而城市森林则是由许多城区及城郊的以木本植物为主体的多种类型组成的系统。城市森林与林业之间存在着许多区别（张建国，1997）。

1.2.4 城市森林环境影响评价的概念、范畴

生态系统维持了地球生命支持系统，形成了人类生存所必需的环境条件，还为人类提供了生活与生产所必需的食品、医药、木材及工农业生产的原材料。生态系统服务功能的内涵包括有机质的合成与生产、生物多样性的产生与维持、调节气候、营养物质贮存与循环、土壤肥力的维持与提高、环境净化与有害有毒物质的降解、植物花粉的传播与种子的扩散、有害生物的控制、减轻自然灾害等方面（李文华，欧阳志云，赵景柱，2002）。

城市森林的生态服务功能是指城市森林生态系统为维持市民身心健康提供物态和心态产品、环境资源和生态公益的能力。它在一定的时空范围内为人类社会提供的产出构成生态服务功效，如吸收 CO_2、释放 O_2、净化环境、调节气候、涵养水源、保持水土、维持生物多样性以及赏心悦目、健身益智等。随着对可持续发展机制研究的深入，人们越来越认识到维护城市森林生态服务功能是实现城市可持续发展的基础。因此，城市森林的环境影响主要指在一定的社会、经济、技术水平和经营管理条件下，城市森林最大的发挥森林生态系统服务功能的作用，对城市环境影响的程度大小，如城市森林生态系统提供物质产品的多少，吸收城市污染物如 SO_2、NOx、粉尘等多少，以及吸收 CO_2、生产 O_2，维护城市生物多样性、提供休闲娱乐服务的能力的大小等。

城市森林环境影响的范畴界定为城市森林生态系统服务功能影响的范围。凡是城市森林生态系统服务功能发挥作用，对城市环境产生影响的服务功能，均属于城市森林环境影响评价的范畴。由于对城市森林生

态系统服务功能的认识在不断深入，因而这些服务功能对环境影响的认识也在不断深入，因此，城市森林环境影响评价的范畴是一个动态、不断发展变化的过程。

1.3　城市森林环境影响评价的研究情况

城市森林环境影响评价的研究是和森林生态系统服务功能评价的研究密切相关的。

1.3.1　国外研究状况

城市森林是城市生态系统的初级生产者，在改善城市生态环境质量，维护城市生态系统稳定，促进城市可持续发展中发挥着不可替代的作用。18 世纪中叶以来，工业革命促进了生产要素和社会功能在城市的集中，创造了代表人类高生产力和高度文明的城市型生产方式与生活方式，也逐步形成了具有单调性、脆弱性、依赖性特征的城市生态系统。随着世界范围内城市化进程的加快，人们在享受城市化所带来的丰富物质和精神生活的同时，却不得不面对日益严峻的生态环境、人口爆炸、能源危机、资源短缺、环境污染等引发的诸多“城市病”，并且它已成为人们普遍关注的社会性问题。自从 1965 年美国林务局率先提出城市森林发展规划以来，城市森林在世界各国迅速发展起来，先后出现了华盛顿、堪培拉、巴黎、华沙、东京、圣地亚哥、新加坡等一批绿色城市的优秀之作。城市森林已被视为现代化城市的一个重要标志，也是根治城市环境污染的根本之策。对城市森林环境影响评价也是伴随着生态系统服务功能的概念和内涵的逐渐明确而逐步开展的。尤其是 1991 年在国际科学联合会环境问题科学委员会（SCOPE）的生物多样性间接经济价值定量研究会议召开以来，关于生态系统服务功能与生物多样性经济价值评估理论与实践的研究得到广泛开展，对城市森林环境影响评价的研究也开展了起来。这些研究主要包括以下内容：

在理论方法研究方面，日本自 20 世纪 60 年代末就开始探索森林公益机能的经济价值评价方法，于 1972 年在全国范围内开展了森林公益

机能的价值评价工作。使用比较多的价值评价方法是替代成本法。之后又有许多研究者相继研究了一些具体的评价方法，如不同生物资源的经济评价方法［Pearce D. M. and Moran D.（Eds），1994］、自然保护区的经济评价方法（Mark J.，1996）等，当然城市森林环境影响评价的方法也包括在内。对于生物多样性评价方法的研究，Pimentel 认为有许多方法可以用来评价它给人类带来的利益：一种是给出关于生态系统的最佳估算；另一种是评价人类对维持生物多样性的支付意愿（WTP）（Pimentel D.，1998；Pimentel D. et al，1995）。基于生态系统进入 GDP 账户的可能性，Alexander 通过假定一个在全球经济户拥有所有生态系统的独占者（Monopolist），测算其在生态系统市场突然停止后所能获得的最大收益，以此来评价未来有可能包含在 GDP 账户中的生态系统服务在经济上的逻辑价值（Alexand A. M，1998）。基于物流和能流，Klauer 也给出了一种生态系统和经济系统类比估算自然商品价值的方法：Woodward 则在阐述湿地提供的生态功能和生态服务，并在系统总结多年来湿地生态系统服务功能的价值评价案例及方法的基础上，提出了一个非市场价值评价的工具——复合分析。同时指出了以往多个湿地研究案例中价值估算出现偏差的原因及其影响湿地价值计算的因素：Gram 在分析计算森林产品中被人群利用部分的经济价值时所采用的不同方法的优、缺点的基础上，给出了一种综合的计算方法（Grams，2001）。

目前，国际上在生态系统评价方面开展了大量的实践工作，这些实践经验同样适用于城市森林环境影响的评价。这些工作有：Tobiashe 等从不同角度探讨了热带雨林的生态经济价值，并提出了热带雨林可持续发展方案（Bacilli M. J.，Mendelsohn L.，1992）；Peter 也对濒危物种管理的经济价值进行了研究（Kramer R.，Munasinghe M，1994）；Costanza 对全球生态系统服务功能的价值进行了评价（Costanza R et al，1997）。Pimentel 等人还曾尝试估算了生物多样性提供的服务价值，包括有机废弃物的分解、7000 多种化学物质的生物降解、土壤生物对农业生产的作用、生物固氮、动物和植物基因改良、害虫控制、农作物授粉、药用植物等。据他们测算的结果，美国境内和全球范围内所有生物及基因带来的经济和环境利益为3000 亿美元/a 和30000 亿美元/a。此外，Lockwood 也对单一物种（the Mountain Pygmy – possum）的综合生态价值进行了评价（Lockwood M.，1998）；瑞典农业生产强度课题组研究了瑞典农田景观产生的生态系统服务能力的影响：他们通过案例研究了湿地在补给和维持地下水资源方面的作用，并对其间接价值进行了评估（Acharya G.，2000）；2000 年，日本林野厅对日本境内的森林公益机能价值重新进行了评价，内容包括水源涵养等6 大类服务功能，计量的总额约75 兆日元（李文华，欧阳志云，赵景柱，2002）。

1.3.2　国内研究状况

目前，我国城市发展进入加速期，城市化率已由1993 年的28% 提高到2008 年的45.68%。但随着城市的发展，如何改变城市环境恶化、能源、资源环境压力加剧等问题，是我国城市化发展所必需面临和解决的主要问题。根据世界银行的统计资料，我国城市化率比世界平均低10 个百分点，比世界发达国家平均低30 个百分点（李佳鹏，2005）。因此，我国的城市化率会进一步提高，城市环境问题也会更加突出。根据统计，全国有400 座城市缺水，其中110 座城市严重缺水，人口在100 万以上的32 个大城市则普遍缺水；全国城市大气污染物中粉尘和颗粒物的数量比郊区高10 倍，硫化物、氮化物、碳化物等有害气体比郊区高5 ~20 倍，一半以上城市的空气质量低于世界卫生组织的标准；全国城市绿化覆盖率为35.3%，人均绿地面积仅有9m^2 左右，并经常受到城市建设的挤占。因此，城市化进程正面临人口数量不断增多、资源短缺不断扩大和环境负荷不断加重的压力，加快城市生态环境保护与建设，改善城市的生存与发展条件已成为当务之急。近10 年来，城市森林在城市环境建设中的独特地位开始受到中央和城市决策者的重视，1994 年国务院通过的“中国21 世纪议程——中国人口、环境与发展白皮书”明确提出要强化城市的绿色、美化工作，此后通过的“21 世纪议程——林业行动计划”进一步确定了建设布局合理的城市森林环境，到2000 年人均公共绿地面积达到7m^2 以上，2050 年达到25 ~50m^2 的

行动目标，从而有力推动了绿化、美化城市的浪潮，越来越多的城市决策者意识到，森林在城市发展中有重要的作用，发展城市森林不仅是一项利国利民的重要公益事业，也是改善城市环境、提高城市身价、增强城市竞争力的有效手段。因此，开展城市森林环境的影响评价及其政策研究，对于克服日益严峻的城市生态环境、促进城市的可持续发展和实现"城市必须与森林共存"，"将森林引入城市，把城市建立在森林中"的现代化城市理念有重要的价值和意义。

对城市化发展过程中出现的严重的环境问题，国内早在20世纪60年代就已经认识到了，并开始了相关研究。内容多限于污染对植物的危害和抗污染植物的选择方面，但对绿化功能方面的研究较少。北京最早于20世纪50年代开始进行绿地与气温关系的研究。70年代后期，人们对城市绿化的作用，绿化与城市生态的关系有了新的认识，从80年代开始，城市绿化改善环境质量方面的研究又有了新的发展。进入90年代后，城市森林生态服务功能的研究有了更加深入的发展。随着绿量概念的提出，城市森林生态服务的研究突破了以往较小范围的个体化零散研究的局限，开始向更加宽广的区域性甚至整个城市的园林绿化生态服务功能效益的定量评价发展。同时，利用遥感技术进行大范围的生态服务功能价值评价也成了研究的一个热点（肖胜等，2002）。这些研究对城市森林环境影响的评价的研究起到一定的推动作用。

在城市森林对环境影响评价的研究中，在绿化植物改善热环境的研究方面，几乎全部是对不同区域或不同绿化类型的定点观测对比的研究（钱妙芬，张友金，2000）。陈健等试验证明，北京天安门广场气温比龙潭湖、陶然亭、紫竹院三个公园高1.6~2.11℃，说明三公园绿地的降温效果是明显的。蒋国碧对重庆市绿地与非绿地的地面温度及气温进行了对比观测，结果表明不论绿地类型如何，绿地的气温都比非绿地气温低，绿地的地温比气温降温效果更明显。其中降温最突出的是林荫结构的绿地类型，成片的林地降温效果明显高于条带状的行道林荫。另外，研究发现向阳面窗的绿荫窗帘植物遮荫后，正午气温可下降1.7℃。南京市的有关研究也表明，绿化地区的高温持续时间比无绿化地区明显减少。绿化区较无绿化区相对湿度高 10% ~28%。另外，杭州、郑州等城市的试验观测也都得出相似的结论。

在城市森林植物生态服务功能价值评价研究中，对碳氧平衡效应的研究主要是测定植物的净光合速率并确定碳氧平衡效应的差异，再与一定范围内该植物的绿量相乘，得到一种植物在一定范围内的效益值（祝宁，李敏，柴一新，2002）。城市森林植物吸收有毒气体的研究方法已经相当成熟，一般是通过测定叶片含有游离态的硫、氯、氟等的量来确定其吸收净化有毒气体能力的大小（符气浩，杨小波，吴庆书，1996）。城市森林植物的杀菌、滞尘效益研究在我国 20 世纪 80 年代初就已经突破了单纯的定点观测法，而且同时进行植物种间甚至个体间差异性的研究，计算出单位面积的滞尘量，并根据杀菌、滞尘能力的大小进行排序。城市森林对噪声污染的控制作用是比较难定量的一个方面。目前的研究基本上都是进行定点观测，来确定不同绿化结构减噪功能的强弱（姜东涛，2001）。陈自新等通过对北京城区及近郊八区绿化生态服务功能价值的研究，计算出在 5 种绿地类型的绿化中，以公共绿地的单位绿地面积上的生态效益值最高（陈自新等，1998）。

在对城市森林环境影响评价的研究中，在借鉴国外研究经验的基础上，我国一些学者也提出了一些新的森林生态服务功能的评价方法。其中有代表性的有邓宏海，用马克思主义极差地租理论，建立了一个森林生态经济系统效益评价的指标体系，提出了 3 种对森林综合效益进行经济评价的方法：直接计量法、间接计量法和生态经济计量法（李周，徐智，1984）。张建国 1990 年从劳动价值论、时空统一原则、效益一体化原则和社会认可原则等几个方面出发，提出了关于森林综合效益计量的问题，探讨了计量的指标体系及效益货币化的方法，这些方法包括等效益物替代法、促进因素的余量分析法、相关计量法、补偿变异法等（陈应发，1994）。徐孝庆等在有关森林水文定位观测站、小流域试验场和综合调查的基础上，对森林水文生态效益、涵养水源效益、保持水土效益、森林生态功能分析与评价、森林效益的经济评价、多效益评价和森林效益图的绘制等进行了多方面的研究，并详尽论述了森林的多功能综

合效益和分析评价研究的方法，为森林综合效益研究提供了有益的途径。孙立达等研究了黄土高原水土保持林的综合效益，采用循环层次分析法建立了评价与预测指标体系，并将地理信息系统（GIS）作为工具，开发出综合效益评价与预测系统（（CBEPS），这个系统的有关内容也适用于城市森林环境影响的评价（孙立达，1993）。侯元兆等在"中国森林资源核算研究"中提出森林资源核算应包括林分核算、林地核算、森林环境资源核算。同时，通过对森林公益效能中的涵养水源、保护土壤、固定 CO_2 和供给 O_2 这 3 部分环境资源进行核算，证实了森林的生态服务功能的价值大于其立木价值。研究中还对森林游憩价值的 8 种核算方法、森林野生生物的经济价值的 4 种核算方法进行了分析和探讨。此外，在"水源涵养林效益计量评价及工程建设技术对策研究"、"水源涵养林效益研究"中也对森林公益效能进行了定量评价与价值量的计算（侯元兆等，2005）。这些研究对城市森林环境影响的评价有一定的借鉴意义。

总体来看，国内对森林生态服务功能进行过较系统的研究，且以定性研究为主，但定量的分析评价研究较少，许多评价研究的方法仍不统一，也不符合经济学的规范，有待于进一步深入研究，并和国际接轨。目前，从国内外的研究情况来看，对森林生态服务功能评价的方法主要有直接测定法、计算机模型统计分析法、生态效益经济价值评估法等，其中直接测定法被较多采用。然而，对城市森林生态服务功能的定量分析研究主要集中在森林公园、近郊城市森林的生态功能的研究方面，或者是不同树种的生态功能的研究；对于廊道、斑块以及整个城市的森林绿地综合的生态服务功能的定量的研究涉及不多，对城市森林环境影响综合评价的研究也很少。

1.4 城市森林环境影响评价研究存在的问题、前景

1.4.1 存在的问题

如上所述，城市森林环境影响评价的研究大多借鉴于森林生态系统

的生态服务功能的研究。然而，城市森林群落不同于自然的森林群落，明显地受到人和人造环境的影响。强烈的人类活动和明显的环境改变影响了城市森林生态系统的服务功能。城市森林生态服务功能是当前城市生态系统研究的热点之一，它的形成机制、调控机理及计量评价的方法仍然有待深入的研究。目前，从已有的研究资料来看，存在的主要问题有：

1.4.1.1　对城市森林环境影响评价的复杂性认识不够

这里主要体现在对城市森林生态服务功能评价的复杂性认识不够。城市森林生态服务功能研究内涵广，横跨自然科学、社会科学及人文科学等领域，跨越市场与社会体系，从市场角度有各自不同的计量尺度；从社会方面又有各自独特的价值标准，尤其是城市森林生态服务功能价值表现具有多样性和动态性。因此，对城市森林环境影响评价也是一项复杂的系统工程，它建立在对城市森林生态服务功能评价研究的基础上和对城市森林服务功能的认识、观测、调查的基础上以及自然、社会和人文科学等发展的基础上，是一项复杂的研究工作。

1.4.1.2　缺乏系统、可靠的评价基础数据

城市森林环境影响的评价，需要大量的城市森林生态服务功能的监测数据，也涉及生态、经济和社会等方面的统计数据。然而，我国对城市森林生态服务功能的监测网络尚未建立起来，对城市的生态、经济、社会等方面的统计数据也不完善，加之对公益林功能和效益认识的局限性，使城市森林环境影响的评价还需要大量的工作要做，尤其是建立完善的城市森林环境影响评价的基础数据库的工作十分迫切（蒋有绪，2004）。

1.4.1.3　缺乏科学的评价指标和指标体系及评价的标准

建立科学、合理的评价指标体系关系到评价结果的正确性，是评价工作的重要内容和基础工作。目前，国内外虽然提出了不少评价指标体系，但在评价标准方面仍然存在很多问题（吴建军等，1992；宋永昌，2004）。一方面为追求指标体系的完备性，不断提出新指标，使指标数

目不断增大；另一方面，由于缺乏科学有效的指标筛选方法，大都是靠评价者的经验选择指标，因而也存在很大的主观性。

另外，在评价的标准方面，更缺少统一的衡量尺度。在城市森林研究较早的一些国家，如在北欧和波罗的海沿岸的一些国家的城市森林环境影响评价中，目前尚未就一些评价的内容达成统一的共识（Cecil C. et al，2007）；美国的城市森林的评价内容主要集中在经济、生态、社会和审美效益等方面，也尚未就评价的标准达成一致（Georgia Forestry Commission，2000）。我国建设部虽然出台了国家生态园林城市评价标准（宁波市绿化办，2006），2005 年，国家林业局也颁发了《国家森林城市评价指标》（国家林业局，2007），但不是专门针对城市森林环境影响评价的标准。因此，在城市森林环境影响的评价标准方面还没有形成共识，更缺少统一的标准，这也是今后需要努力的地方。

1.4.2　前景

针对城市森林环境影响评价中存在的上述问题，我们可以看出其研究潜力是十分巨大的，研究前景也是比较光明的，具体表现在：

1.4.2.1　需要建立一套科学合理的城市森林环境影响评价的指标体系，并逐步建立有关评价标准

城市森林环境影响评价的首要工作是建立一套能客观、全面、准确并定量化反映森林生态服务功能对城市环境影响的评价指标或指标体系。这要求必须以生态经济理论和系统分析原理为指导，选择定性与定量相结合的原则和方法。近年来，随着线性代数、模糊数学、集合论和电子计算机的应用，人们确定指标体系中评价权重的方法正从定性和主观判断向定量和客观判断的方向逐步发展，这有利于评价指标和指标体系的建立。

目前常用的确定权重的方法有：专家评估法（特尔菲法）、频数统计分析法、等效益替代法、指标值法、因子分析法、相对系数法、模糊逆方程法和层次分析法等。但关键是如何在不同层次指标上，把所有指标综合成具有横向维、竖向维和指标维的三维综合效益指标体系。

1.4.2.2　建立城市森林环境影响的监测体系，更好地为城市规划、决策和发展服务

城市森林环境影响监测体系可以结合已有的生态服务功能定位监测体系。城市森林环境影响评价需要大量的基础数据，许多数据还需要进行长期的定位观测，以便分析各评价因子的规律性。然而，由于森林效益的多样性和人类认识的“滞后性”，对许多效益缺乏必要的定位观测和记录。因此，在未来城市森林环境影响评价研究中，应结合城市森林生态服务功能评价研究，建立城市森林环境影响评价监测体系，提供必要的、长期连续的定位观测数据，以便客观、准确地评价出城市森林生态服务功能对城市环境的影响，为城市规划、发展提供依据。

1.4.2.3　将“3S”技术应用于城市森林环境影响评价，为城市立体发展提供环境保障

城市森林环境影响评价是多目标、多因素、多层次和多指标的综合评价，其数据采集困难、计算工作量大。“3S”技术应用于城市森林生态服务功能对环境影响的评价，将在数据采集（RS）、样地定位（GPS）、数据管理和分析（GTS）等方面大大提高工作效率。另外，城市森林生态服务功能对环境影响的精确计量，有利于环境变化的动态监测，能够更直观、形象、快速准确地反映不同类型城市森林在不同的经营措施下效益的变化和对环境的影响，使效益评价系统更加系统化和现代化，为城市立体发展提供环境保障。

第2章 城市森林现状调查与评价

我国还缺少城市森林面积、城市森林蓄积和城市森林覆盖率的统计数据。截至2008年底，我国共有10个城市被全国绿化委员会、国家林业局授予“国家森林城市”的称号。目前，我国城市建成区绿化覆盖率为36.54%，城市森林覆盖率为34.27%。城市森林面积、蓄积按城市行政区域土地面积计算分别为162.1万km^2、559407.1万m^3；按城市建成区面积计算为0.95万km^2、3278.45万m^3；按建成区绿化覆盖面积计算为1.02万km^2、3520.02万m^3。

城市是一类以人类的技术和社会行为为主导、生态代谢过程为经络、受自然生命支持系统所供养的“社会—经济—自然复合生态系统”（Beckett K. P, Smith P. H., Taylor G., 1998）。这一理论已被各国城市生态学家所采用。城市森林是重要的城市生态基础设施，为城市生命系统的主体。现代化的城市建设不可缺少城市森林的参与，它是城市可持续发展的基础和保障，决定着城市生态系统的生存和发展。

2.1 我国城市森林基本现状

根据张建国等人的研究，城市森林是由许多城区及城郊的以木本植物为主体的多种类型组成的生态系统（张建国，1997）。它的范围与城市行政管辖的范围不一定一致（王木林，1995）。在统计上，城市森林在公共绿地、共同绿地和私人绿地等统计范围内（白秀萍，1993），其面积的大小也是三者的主要组成部分。根据《中国城市统计年鉴》的定义：园林绿地面积，指用作园林和绿化的各种绿地面积，包括公共绿地、单位附属绿地、居住区绿地、生产绿地、防护绿地和风景林地的总面积。建成区绿化覆盖面积，指城市建设区内各单位管理的一切用于绿化的乔、灌木和多年生草本植物的垂直投影面积，包括园林绿地以外的道路绿化覆盖面积，即道路的隔离带、中心绿岛和林荫道及行道树的覆盖面积和单株树木的覆盖面积（国家统计局，2008）。因此，在实际统计中，抛开“城市森林的地域范围是否应与城市行政管辖的范围一致”的争论不谈，仅从有关指标的定义来看，建成区绿化覆盖面积比较接近城市森林的定义，在实际统计中也往往用该指标近似反映城市森林面积的大小。但从严格的林学的角度来看，城市森林面积不等于建成区绿化覆盖面积，因为建成区绿化覆盖面积包括了多年生草本植物的垂直投影面积，城市森林面积不应该包括该部分面积。

在国家林业局颁布的“国家森林城市评价指标”中，单独提出了“城市森林覆盖率”的指标，并具体提出国家森林城市的评价标准，要求该指标“南方城市达到35%以上，北方城市达到25%以上”才能成为“国家森林城市”（国家林业局，2007）。有些地方在实际统计中也曾提出“林木绿化率”的概念，如北京市第五、第六次森林资源清查结果表明，北京林木绿化率为41.90%和49.99%，而森林覆盖率则为30.65%、35.47%（齐志坚，2006）。在此，我们可以看出，第五、第六次森林资源清查中，北京的林木绿化率明显高于森林覆盖率；也可以看出，在城市森林环境影响评价中，指标选取的不同反映的城市森林的状况也是不同的。本研究中，根据对国内外城市森林研究情况的综述和国家林业局“国家森林城市评价指标”体系，主要选取城市森林覆盖率、城市森林面积来反映我国不同城市森林面积的大小，并结合其他指标反映城市森林的发展情况。

2.1.1　城市森林覆盖率

我国还缺少城市森林面积、城市森林覆盖率、城市森林蓄积的统计数据。按照国家林业局规定的国家森林城市申请程序的要求，所有申请

国家森林城市的城市均应提供城区与郊区有关森林绿化的相关数据。这些数据具体包括森林覆盖率、蓄积量、林业用地面积、森林布局、人均绿地面积、人均乔木占有量、城市道路绿化达标率、乡土植物种类比例、森林旅游人数及年收入、古树名木数量等。且申请城市提供的数据在地域范围上应包括其全部下辖区县（国家林业局，2007）。因此，按照这一规定，所有国家森林城市应该有完整的城市森林的数据库。实际上，截至2008年底，被全国绿化委员会、国家林业局授予“国家森林城市”称号的城市才10个。这些城市为贵阳、沈阳、长沙、成都、包头、许昌、临安、广州、新乡、阿克苏（国家林业局，2007）（表2－1、图2－1）。很显然，用全国10个国家森林城市的森林覆盖率来反映全国城市森林的发展情况是很不合理的。根据2008年的统计资料，截至2007年底，我国城市已达655个，地级及以上城市已达287个。全国城镇人口达59379万人，占全国总人口的44.9%（刘铮、周英峰，2008）。在本研究中，由于缺乏相应的统计资料，要全部统计我国每个城市的森林覆盖率是比较困难的，为了较准确地反映全国城市森林的覆盖率，主要选取各省（自治区、直辖市）前三名地级及以上城市，并分别对这些城市的森林覆盖率、城市建成区绿地覆盖率等进行统计，并据此计算这些城市的平均森林覆盖率和平均建成区绿地覆盖率，进而计算全国城市森林覆盖率和建成区绿地覆盖率，以反映全国城市绿化发展情况。全国主要地级及以上城市森林覆盖率和建成区绿地覆盖率统计数据如表2－2。

表2－1　2008年全国十大国家森林城市基本情况

序号	城市	城市面积（km^2）	年末总人口（万人）	GDP（亿元）	森林覆盖率（%）	城市建成区绿地覆盖率（%）	人均绿地面积（m^2/人）
1	贵阳	8034	359.82	693.72	39.19	40.47	9.58
2	沈阳	12980	709.77	3221.15	31	41.81	12.12
3	长沙	11819	637.36	2190.25	53.6	42.41	9.42
4	成都	12390	1112.28	3324.17	36.15	35.12	9.22
5	包头	27768	214.6	1277.2	26.1	36.6	12.8

（续）

序号	城市	城市面积（km^2）	年末总人口（万人）	GDP（亿元）	森林覆盖率（%）	城市建成区绿地覆盖率（%）	人均绿地面积（m^2/人）
6	许昌	4996	475.15	855.4	33.5	42.68	9.3
7	临安	3124	52.6	195.39	76.55	41.2	12.8
8	广州	7434	773.48	7109.18	38.3	35.03	12
9	新乡	8169	584.04	779.68	25.4	39.72	25.72
10	阿克苏	18000	45.2	693.72	40.3	39.5	9.2

注：表中数据为2007~2008年数据。

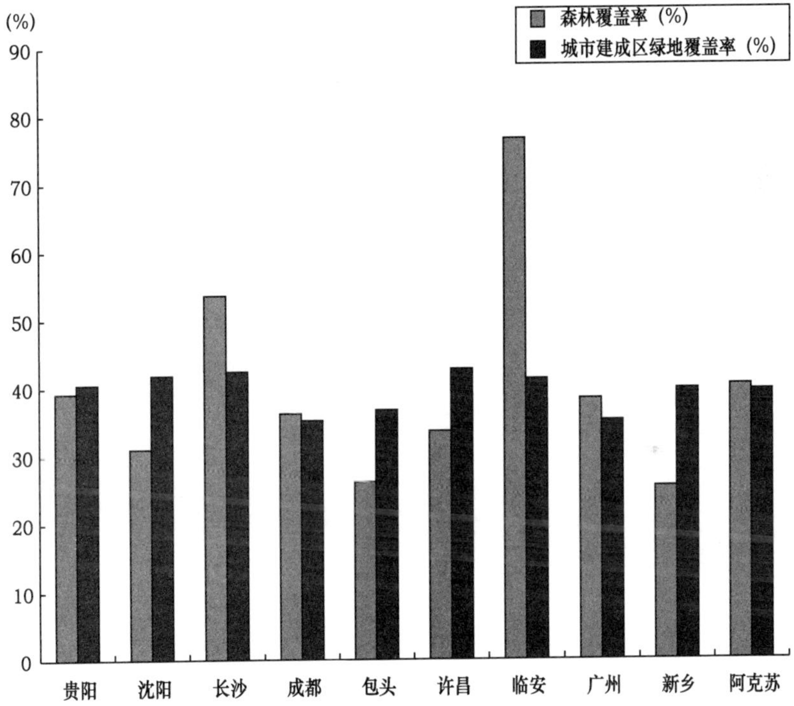

图2－1　2008年全国十大国家森林城市森林覆盖率、建成区绿地覆盖率比较图

从表2－2可以看出，在我国2007年地级及以上主要城市建成区绿地覆盖率、森林覆盖率统计表中，建成区绿地覆盖率最大值为66.72%，

最小值为4.36%，平均值为36.54%；森林覆盖率最大值为71.40%，最小值为3.17%，平均值为34.27%（表2－3）。

表2－2　2007年全国地级及以上主要城市建成区绿地覆盖率、森林覆盖率统计表

序号	城市	人口（万人）	人均GDP（元/人）	建成区绿地覆盖率（%）	森林覆盖率（%）
1	北京市	1213.26	58204	37.37	21.26
2	天津市	959.10	46122	34.93	8.14
3	石家庄	955.05	24243	37.01	25.4
4	唐山市	724.66	37765	43.33	24.35
5	秦皇岛市	283.31	23330	42.93	40.40
6	太原市	355.31	36377	32.00	24
7	大同市	309.42	15581	31.06	14.12
8	阳泉市	128.24	20839	34.67	23.1
9	呼和浩特市	220.84	42016	33.78	30
10	包头市	214.60	59719	36.57	26.8
11	乌海市	47.70	40135	15.95	13.76
12	沈阳市	709.77	45582	41.65	31
13	大连市	578.19	51630	43.31	41.5
14	鞍山市	350.25	38387	36.09	46.4
15	长春市	745.95	28132	40.24	21.05
16	吉林市	432.67	23277	42.11	54.96
17	四平市	334.95	14267	18.79	16.7
18	哈尔滨市	987.32	24768	30.62	44.4
19	齐齐哈尔市	567.80	10302	23.84	15.9
20	鸡西市	191.10	13858	40.56	27.6
21	上海市	1378.86	66367	37.58	3.17
22	南京市	617.17	53639	45.96	23
23	无锡市	461.74	83923	42.20	19
24	徐州市	940.95	17909	38.81	26.5
25	杭州市	672.35	52590	38.50	64
26	宁波市	564.56	66067	37.57	50.2

（续）

序号	城市	人口（万人）	人均 GDP（元/人）	建成区绿地覆盖率（%）	森林覆盖率（%）
27	温州市	764.57	28387	21.48	59.6
28	合肥市	478.90	28134	39.32	15.8
29	芜湖市	230.46	25933	37.87	20.85
30	蚌埠市	355.27	12818	28.90	12.91
31	福州市	630.30	29515	35.67	54.9
32	厦门市	167.24	56188	36.34	42.8
33	莆田市	310.26	18113	37.24	56.2
34	南昌市	491.31	30460	66.72	16.1
35	景德镇市	156.18	16899	42.83	58.6
36	萍乡市	184.65	17241	38.90	60.3
37	济南市	604.85	42424	36.80	26.6
38	青岛市	757.99	45399	37.76	33.76
39	淄博市	419.59	43499	40.08	32.4
40	郑州市	707.01	34069	33.76	25
41	开封市	505.63	11855	25.07	20
42	洛阳市	676.05	25120	38.23	42.82
43	武汉市	828.21	35582	37.35	21.72
44	黄石市	255.39	19409	39.26	38.1
45	十堰市	348.86	12745	48.78	52
46	长沙市	637.36	33711	36.30	49.27
47	株洲市	380.34	20387	37.32	59.5
48	湘潭市	292.70	19171	41.97	45.96
49	广州市	773.48	71808	37.13	38.2
50	韶关市	321.19	16418	38.37	71.4
51	深圳市	212.38	79645	45.00	44.6
52	南宁市	683.51	15774	39.87	41.34
53	柳州市	362.50	20737	37.50	58.9
54	桂林市	504.62	14828	40.20	66.5

（续）

序号	城市	人口（万人）	人均 GDP（元/人）	建成区绿地覆盖率（%）	森林覆盖率（%）
55	海口市	152.94	22109	40.23	41
56	三亚市	53.52	26414	19.17	66
57	重庆市	3235.32	14660	31.83	22.25
58	成都市	1112.28	26525	38.09	36.15
59	自贡市	322.45	14166	33.82	25.3
60	攀枝花市	110.08	30251	39.43	59
61	贵阳市	359.82	19489	40.43	39.19
62	六盘水市	308.96	9844	4.36	34.41
63	遵义市	739.40	7229	63.89	44
64	昆明市	517.70	21711	34.89	51.2
65	曲靖市	603.04	11381	35.35	35.8
66	玉溪市	212.25	21992	33.64	49.0
67	拉萨市	62.23	19582.72	/	/
68	西安市	764.25	21339	39.70	42
69	铜川市	84.86	12266	34.28	43.9
70	宝鸡市	376.97	15439	46.00	55.6
71	兰州市	319.28	22325	34.91	12.21
72	嘉峪关市	18.14	58856	34.85	7.3
73	金昌市	47.30	45574	26.69	20.82
74	西宁市	215.36	15999	35.05	25
75	银川市	148.79	27845	36.02	20
76	石嘴山市	73.41	22264	34.64	11
77	吴忠市	130.82	10676	25.52	10.4
78	乌鲁木齐市	231.30	31140	31.40	4.89
79	克拉玛依市	35.34	98938	42.83	13.95
平均				36.54	34.27

表2-3　2007年我国地级及以上主要城市平均建成区绿地覆盖率、森林覆盖率计算表

	N	Range	Minimum	Maximum	Mean		Std.	Variance
	Statistic	Statistic	Statistic	Statistic	Statistic	Std. Error	Statistic	Statistic
森林覆盖率（%）	78	68.23	3.17	71.40	34.2719	1.94966	17.21890	296.490
建成区绿地覆盖率(%)	78	62.36	4.36	66.72	36.5445	0.96706	8.54089	72.947
人口	79	3217.18	18.14	3235.32	483.8194	48.65919	432.49238	187049.656
人均 GDP	79	91709.00	7229.00	98938.00	31003.9585	2146.79578	19081.138	364089838.624
Valid N (listwise)	78							

计算的2007年我国地级及以上主要城市平均建成区绿地覆盖率、森林覆盖率的标准误差如图2-2、图2-3所示。

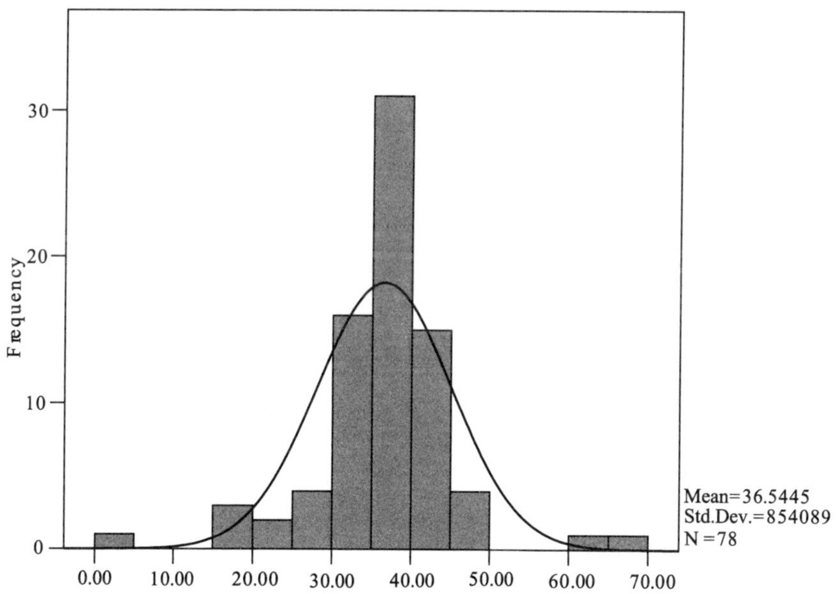

图2-2　2007年我国地级及以上主要城市平均建成区绿地覆盖率及标准误差图

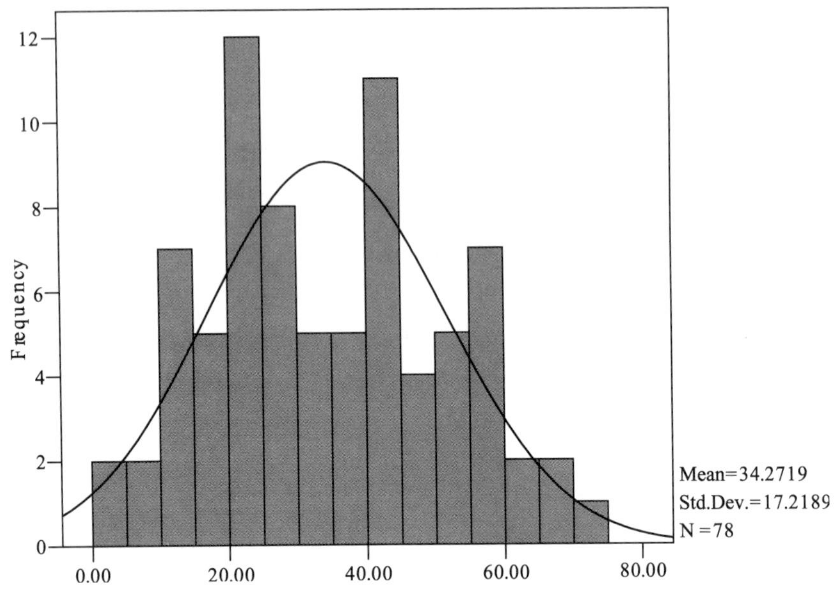

图 2-3　2007 年我国地级及以上主要城市平均森林覆盖率及标准误差图

因此，由上述计算可以看出，2007 年我国城市平均建成区绿地覆盖率为 36.54%，平均标准差为 8.54；城市森林覆盖率为 34.27%，计算的平均标准差为 17.22。

2.1.2　城市森林面积

我们知道，森林覆盖率 =（森林面积/土地总面积）×100%。森林覆盖率也称森林覆被率，指一个国家或地区森林面积占土地面积的百分比，是反映一个国家或地区森林面积占有情况或森林资源丰富程度及实现绿化程度的指标，它又是确定森林经营方案和开发利用的重要依据之一。

在计算森林覆盖率时，森林面积包括郁闭度 0.2 以上的乔木林地面积和竹林地面积，国家特别规定的灌木林地面积、农田林网以及四旁（村旁、路旁、水旁、宅旁）林木的覆盖面积。

同样，城市森林面积 = 城市森林覆盖率 × 城市土地总面积。城市森林面积的大小也反映了城市森林资源的丰富程度和生态平衡的情况。

在此可根据 2008 年《中国城市统计年鉴》公布的 2007 年我国城市行政区域土地面积和表 2－2 计算出的全国平均城市森林覆盖率来计算我国城市森林的面积。

2007 年，我国共有城市 655 个，其中地级及以上城市 287 个，县级市 368 个（表 2－4）。在所有城市中，各省（区、市）城市行政区域土地面积统计见表 2－5（国家统计局城市社会经济调查司，2009）。

表 2－4　2007 年我国城市行政区划和区域分布表

地区	城市合计	按行政级别分组（个）			
		直辖市	副省级市	地级市	县级市
全国总计	655	4	15	268	368
北京	1	1			
天津	1	1			
河北	33			11	22
山西	22			11	11
内蒙古	20			9	11
辽宁	31		2	12	17
吉林	28		1	7	20
黑龙江	30		1	11	18
上海	1	1			
江苏	40		1	12	27
浙江	33		2	9	22
安徽	22			17	5
福建	23		1	8	14
江西	21			11	10
山东	48		2	15	31
河南	38			17	21
湖北	36		1	11	24
湖南	29			13	16

（续）

地区	城市合计	按行政级别分组（个）			
		直辖市	副省级市	地级市	县级市
广东	44		2	19	23
广西	21			14	7
海南	8			2	6
重庆	1	1			
四川	32		1	17	14
贵州	13			4	9
云南	17			8	9
西藏	2			1	1
陕西	13		1	9	3
甘肃	16			12	4
青海	3			1	2
宁夏	7			5	2
新疆	21			2	19

资料来源：国家统计局城市社会经济调查司，2009。

表 2－5　2007 年中国城市行政区域土地面积、建成区绿化覆盖面积统计表

序号	省（区、市）	行政区域土地面积（km^2）			
		全市	市辖区	其中：建成区面积	建成区绿化覆盖面积
1	北京市	16411	12187	1289	482
2	天津市	11760	7399	572	200
3	河北省	187693	4576	1059	408
4	山西省	157044	16357	617	205
5	内蒙古自治区	655953	23126	708	202
6	辽宁省	147295	16082	1559	611
7	吉林省	146425	16724	807	249
8	黑龙江省	393094	66132	1216	389
9	上海市	6340	5155	886	333

（续）

序号	省（区、市）	行政区域土地面积（km^2）			
		全市	市辖区	其中：建成区面积	建成区绿化覆盖面积
10	江苏省	102879	21973	1899	825
11	浙江省	104116	18077	1266	453
12	安徽省	138972	27467	1114	415
13	福建省	123416	14204	625	232
14	江西省	167022	11496	558	246
15	山东省	157452	32803	2033	802
16	河南省	164869	13978	1360	481
17	湖北省	151495	27107	1076	414
18	湖南省	196750	17653	870	316
19	广东省	180365	32134	2965	1239
20	广西壮族自治区	237405	40646	743	263
21	海南省	4220	4220	151	48
22	重庆市	82010	26041	667	212
23	四川省	193989	32765	1118	392
24	贵州省	58037	5910	306	91
25	云南省	198342	21674	399	128
26	西藏自治区	29517			19
27	陕西省	206309	28791	605	213
28	甘肃省	416103	41487	533	140
29	青海省	7665	380	65	23
30	宁夏回族自治区	63272	15621	269	86
31	新疆维吾尔自治区	23824	19563	251	85
合计		4730044	621728	27587	10202

注：（1）表中的行政区域土地面积包括2007年我国655个城市中地级及以上城市和县级所有城市的土地面积。

（2）表中的数据不包括香港、澳门和台湾城市的有关数据。

（3）行政区域土地面积，是指该行政区域内的全部土地面积，包括水面面积。计算土地面积是以行政区划为准。

资料来源：国家统计局城市社会经济调查司，2009。

因此，根据表2-2估算的全国平均城市森林覆盖率和表2-5统计的全国城市行政区域土地面积的数据，计算的2007年我国城市森林面积为

162.10 万 km^2，折合 16209.86 万 hm^2，占国土面积的 16.89%。即：

城市森林面积（km^2）=城市土地总面积（km^2）×城市森林覆盖率（%）=4730044×34.27%=162.10 万 km^2≈16209.86 万 hm^2

计算中，各省（区、市）城市森林面积的平均值为 52289.87 km^2，平均值的下限为 35096.61km^2，上限为 69483.14 km^2，平均标准误差为 8418.69，且检验具有统计学意义（表 2－6、表 2－7、图 2－4）。

表 2－6　按城市行政区域土地面积计算的城市森林面积

	样本数	组距	最小值	最大值	总计
	Statistic	Statistic	Statistic	Statistic	Statistic
城市森林面积	31	223348.90	1446.19	224795.09	620986.08
有效样本	31				

	平均值		标准差	方差
	Statistic	平均标准误差	Statistic	Statistic
城市森林面积	62289.8735	8418.69192	46873.293	2.20E+009
有效样本				

表 2－7　按城市行政区域土地面积计算的 2007 年城市森林面积检验表

	检验值=0					
					95% Confidence interval of the Difference	
	t	df	Sig.（2－tailed）	Mean Difference	Lower	Upper
城市森林面积	6.211	30	0.000	52289.87351	35096.6109	69483.1361

另外，按照 2007 年我国城市建成区面积和森林覆盖率计算的城市森林面积为 9453.76 km^2（表 2－8），折合 94.54 万 hm^2。同样，计算的各省（区、市）城市森林面积的平均值为 315.13 km^2，平均值的下限为 235.87km^2，上限为 394.38 km^2，平均标准误差为 38.75，且检验也具有统计学意义（表 2－9、表 2－10、图 2－5）。

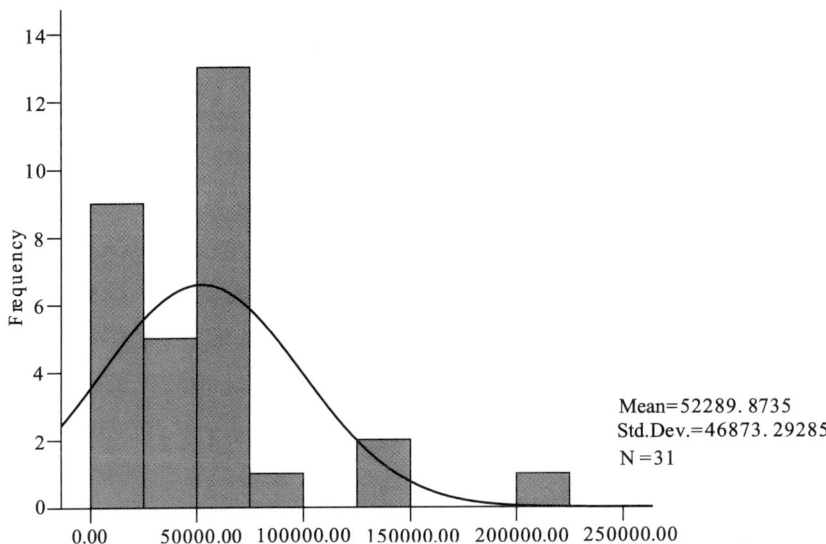

图2-4　按城市行政区域土地面积计算的城市森林面积分布图

表2-8　按照2007年我国城市建成区面积计算的各省（区、市）城市森林面积

序号	省（区、市）	建成区面积（km^2）	城市森林面积（km^2）
1	北京市	1289	441.74
2	天津市	572	196.02
3	河北省	1059	362.92
4	山西省	617	211.45
5	内蒙古自治区	708	242.63
6	辽宁省	1559	534.27
7	吉林省	807	276.56
8	黑龙江省	1216	416.72
9	上海市	886	303.63
10	江苏省	1899	650.79
11	浙江省	1266	433.86
12	安徽省	1114	381.77
13	福建省	625	214.19
14	江西省	558	191.23
15	山东省	2033	696.71
16	河南省	1360	466.07

（续）

序号	省（区、市）	建成区面积（km^2）	城市森林面积（km^2）
17	湖北省	1076	368.75
18	湖南省	870	298.15
19	广东省	2965	1016.11
20	广西壮族自治区	743	254.63
21	海南省	151	51.75
22	重庆市	667	228.58
23	四川省	1118	383.14
24	贵州省	306	104.87
25	云南省	399	136.74
26	西藏自治区		
27	陕西省	605	207.33
28	甘肃省	533	182.66
29	青海省	65	22.28
30	宁夏回族自治区	269	92.19
31	新疆维吾尔自治区	251	86.02
	合 计	27587	9453.76

资料来源：国家统计局城市社会经济调查司，2009。

表 2－9　按城市建成区面积计算的城市森林面积的相关统计

	样本数	组距	最小值	最大值	合计	平均值		标准差	方差
	Statistic	Statistic	Statistic	Statistic	Statistic	Statistic	标准误差	Statistic	Statistic
城市森林面积	30	993.83	22.28	1016.11	9453.76	315.1253	38.75119	212.24899	45049.635
有效样本	30								

表 2－10　按城市建成区面积计算的 2007 年城市森林面积检验表

	检验值＝0					
					95% Confidence interval of the Difference	
	t	df	Sig.（2－tailed）	Mean Difference	Lower	Upper
城市森林面积	8.132	29	0.00	315.12533	235.8703	394.3804

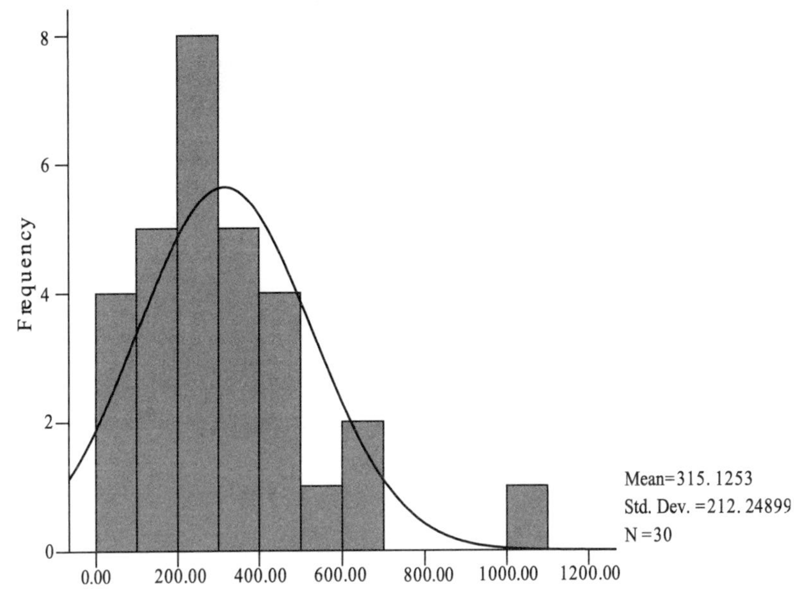

图 2－5　按建成区面积计算的城市森林面积分布图

值得一提的是，在我国的有关统计中，往往用“建成区绿化覆盖面积”来代替城市森林面积，但二者的概念是不同的。建成区绿化覆盖面积是指城市建成区内各单位管理的一切用于绿化的乔灌木和多年生草本植物的垂直投影面积。包括园林绿地以外的道路绿化覆盖面积（即道路的隔离带、中心绿岛和林荫道及行道树的覆盖面积）和单株树木的覆盖面积（国家统计局城市社会经济调查司，2009）。其地域范围明显的小于城市行政区域范围和真正意义上的城市森林的空间区域范围。因此，用建成区绿化覆盖面积来代替城市森林面积，往往比实际统计的城市森林面积的数据小，且相差几倍甚至上百倍。

根据《中国城市统计年鉴（2008）》，2007 年，我国城市建成区绿化覆盖面积为 1.02 万 km^2（国家统计局城市社会经济调查司，2009），折合 102.00 万 hm^2。统计的平均值的标准误差为 47.41（表 2－11、图 2－6）。从上述统计结果也可以看出，2007 年，按城市行政区域土地面积计算的城市森林面积是我国城市建成区绿化覆盖面积的 158.92 倍；

按城市建成区面积计算的城市森林面积是我国城市建成区绿化覆盖面积的0.93倍，计算结果相差十分悬殊。

表2-11　2007年城市建成区绿化覆盖面积统计表

	样本数	组距	最小值	最大值	总计
	Statistic	Statistic	Statistic	Statistic	Statistic
建成区绿化覆盖面积	31	1220.00	19.00	1239.00	10202.00
有效样本	31				

	平均值		标准差	方差
	Statistic	平均标准误差	Statistic	Statistic
建成区绿化覆盖面积	329.0968	47.40885	263.96128	69675.557
有效样本				

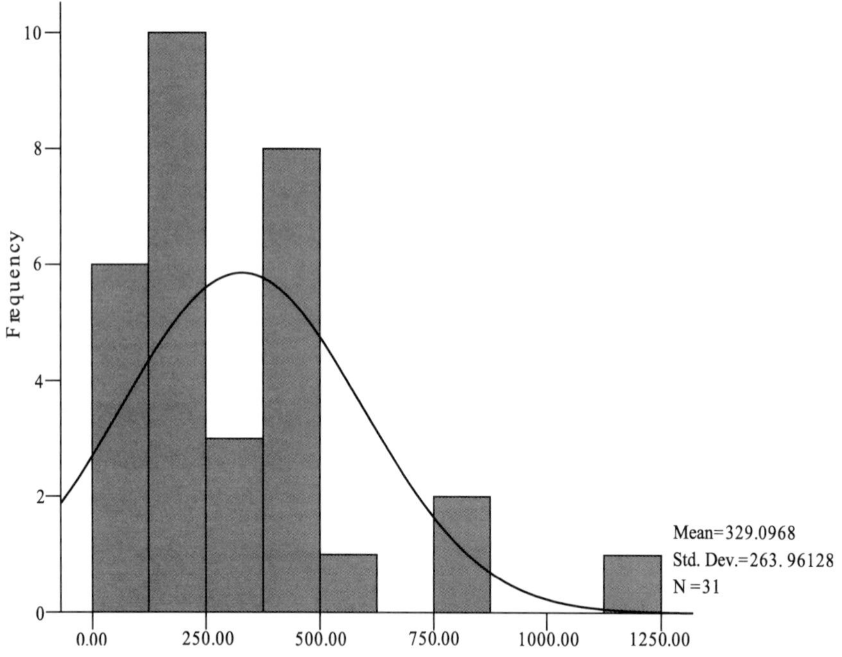

图2-6　建成区绿化覆盖面积分布图

总之，城市森林面积的计算，依据城市地域空间的范围不同，其计算结果相差是十分巨大的。2007年，我国城市森林面积的计算结果汇总如表 2－12。

表 2－12　2007 年我国城市森林面积计算结果汇总表

序号	计算范围	城市森林面积（万 km^2）	占国土面积的比重（%）	计算的平均标准误差
1	按城市行政区域土地面积计算	162.1	16.89	8418.69
2	按城市建成区面积计算	0.95	0.1	38.75
3	按建成区绿化覆盖面积计算	1.02	0.11	47.41

因此，由表 2－12 的计算结果可以看出，按城市建成区面积计算的城市森林面积的平均标准误差最小，从统计上来说，采用该数字计算的城市森林面积的效果较好。

2.1.3　城市森林蓄积

我国缺少城市森林蓄积的统计资料，即使目前已命名的“全国十大国家森林城市”，也缺少详细的城市森林蓄积的统计资料。

2008 年，根据林城贵阳网报道，在贵阳市“一环林带”中，森林面积 1.95 万 hm^2，森林蓄积 118 万 m^3，单位面积蓄积为 60.41 m^3/hm^2，森林覆盖率 37.51%。在“二环林带”的 7 个区（市县），37 个乡镇，472 个村中，森林面积 12.76 万 hm^2，森林蓄积 378.2 万 m^3，单位面积蓄积为 29.64 m^3/hm^2，森林覆盖率 44.07%（陈洁，2008）。因此，加权求得 2008 年贵阳市平均单位面积森林蓄积为 33.72 m^3/hm^2。

沈阳市是林业大市，现有区域面积 126.67 多万 hm^2。2008 年，林业用地 40 多万 hm^2，森林蓄积 1900 万 m^3，因此，单位面积森林蓄积为 15 m^3/hm^2 左右。

根据湖南省林业厅提供的数据，湖南长沙市现有森林面积 47.34 万 hm^2，森林蓄积 1990.27 万 m^3，单位面积森林蓄积为 42.04 m^3/hm^2；浏阳市现有森林面积 24.01 万 hm^2，森林蓄积 1134.01 万 m^3，单位面积森林蓄积为 47.16 m^3/hm^2（湖南省林业厅资源林政处，2010）。

按照许昌市政府的统计资料，许昌市有林地面积 5.53 万 hm^2，全

市林木总蓄积量为460万m^3，林木覆盖率为24.4%（许昌市政府，2010）。因此，2008年许昌市单位面积森林蓄积为83.13 m^3/hm^2。

2009年，根据广州市林业局统计，广州市林业用地面积29.65万hm^2，活立木总蓄积1063万m^3，平均单位面积森林蓄积为35.85 m^3/hm^2（广州市林业局，2009）。

第六次全国森林资源清查结果表明，北京市森林面积为49.42万hm^2，森林蓄积为1521.34万m^3，平均单位面积森林蓄积为30.80 m^3/hm^2（肖兴威，2005）。

另外，2009年，《每日商报》报道，杭州市现有城市森林面积106多万hm^2，森林总蓄积量为3342万m^3，森林覆盖率达64%以上（每日商报记者，2009）。因此，杭州市单位面积森林蓄积为31.53 m^3/hm^2。

因此，由上述8个城市的统计资料可以看出，我国城市森林蓄积的统计资料参差不一，统计范围、标准不同，且相差很大，单位面积蓄积最大的许昌市为83.13 m^3/hm^2，最小的沈阳市为15 m^3/hm^2左右，按城市森林蓄积加权平均计算的单位面积蓄积为34.51 m^3/hm^2，计算的平均标准误差为6.07（表2－13）。

表2－13　我国部分城市单位面积森林蓄积统计表

序号	城市	城市森林面积（万hm^2）	城市森林蓄积（万m^3）	城市森林单位面积蓄积（m^3/hm^2）	计算的平均单位面积蓄积（m^3/hm^2）
1	贵阳市	14.71	496.2	33.72	
2	沈阳市	40	1900	15	Mean = 34.51
3	长沙市	47.34	1990.27	42.04	Std. Error = 7.012
4	浏阳市	24.01	1134.01	47.16	Maximum = 83.13
5	许昌市	5.53	460	83.13	Minimum = 15
6	广州市	29.65	1063	35.85	
7	北京市	49.42	1521.34	30.8	
8	杭州市	106	3342	31.53	

根据表2－12我国城市森林面积的计算结果，粗略的估算我国城市森林蓄积如表2－14。

表 2－14　全国城市森林蓄积估算表

序号	计算范围	城市森林蓄积（万 m^3）	占全国森林蓄积的比重（%）	计算的平均标准误差
1	按城市行政区域土地面积计算	559407.1	40.77	Std. Error of Mean = 185335.97
2	按城市建成区面积计算	3278.45	0.24	
3	按建成区绿化覆盖面积计算	3520.02	0.26	

因此，按城市行政区域土地面积计算的我国城市森林蓄积为 559407.1 万 m^3，占全国第七次森林资源清查蓄积 137.21 亿 m^3 的 40.77%；按城市建成区面积计算的城市森林蓄积为 3278.45 万 m^3，占全国第七次森林资源清查蓄积的 0.24%；按建成区绿化覆盖面积计算的城市森林蓄积为 3520.02 万 m^3，约占全国第七次森林资源清查蓄积的 0.26%。

2.2　城市森林绿化投资情况

伴随着我国城市化的快速发展，城市森林绿化也得到很大的加强。发展绿色经济、倡导绿色文明、推广绿色生活方式、营造绿色城市环境已成为城市发展的首要选择（国家统计局城市社会经济调查司，2009）。根据《中国城市统计年鉴 2008》提供的数据，2006 年末，我国城市拥有公园 7913 个，公园绿地面积 33.3 万 hm^2，人均公园绿地 8.98 m^2，分别比 1978 年增长 11 倍、3 倍和 9 倍。另外，城市建成区绿化覆盖面积 125 万 hm^2，建成区绿化覆盖率 35.3%，到 2007 年末有 89 个城市被授予“国家园林城市”称号，13 个城市获国家环保部颁发的中国人居环境奖（国家统计局城市社会经济调查司，2009）。这些成果的取得和城市绿化投资的不断增加密不可分。以 2003～2007 年我国城市建成区绿化覆盖面积（近似代替城市森林面积）和园林绿化投资为例，2003～2007 年，城市建成区绿化覆盖面积年均增长 9.36%，城市

园林绿化投资年均增长13.04%（表2-15、图2-7）。且二者具有很强的相关性，相关系数为0.987（表2-16、图2-8），说明我国城市建成区绿化离不开园林绿化投资，尤其是城市森林绿化主要依靠强大的城市园林绿化投资。

表2-15　2003~2007年我国城市建成区绿化覆盖面积与园林绿化投资增长表

年份	2003	2004	2005	2006	2007
建成区绿化覆盖面积（万 hm^2）	71.30	77.29	84.92	91.87	102.00
园林绿化投资（亿元）	321.90	359.50	411.30	429.01	525.56

资料来源：国家统计局，2008。

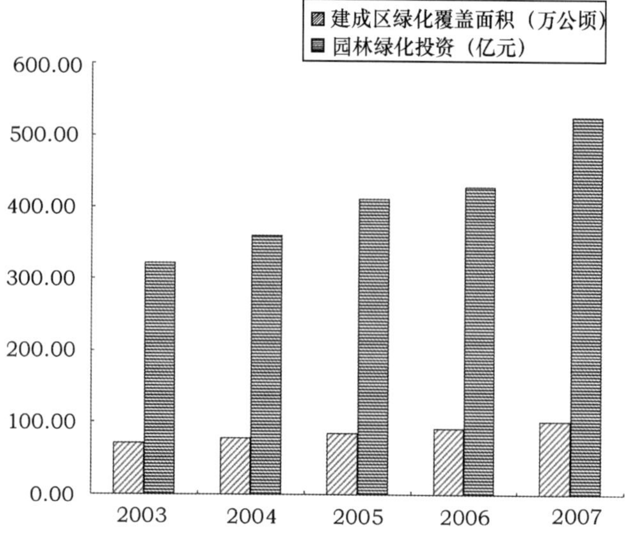

图2-7　2003~2007年我国城市建成区绿化覆盖面积与园林绿化投资增长图

表2-16　城市建成区绿化覆盖面积与园林绿化投资关系表

		建成区绿化覆盖面积	园林绿化投资
建成区绿化覆盖面积	Pearson Correlation	1	0.987**
	Sig. (2-tailed)		0.002
	Sum of Squares and Cross-products	582.205	3691.222

（续）

		建成区绿化覆盖面积	园林绿化投资
	Covariance	145. 551	922. 805
	N	5	5
园林绿化投资	Pearson Correlation	0. 987**	1
	Sig. (2 - tailed)	0. 002	
	Sun of Squares and Cross - products	3691. 222	24010. 050
	Covariance	922. 805	6002. 513
	N	5	5

**. Correlation is significant at the 0. 01 level (2 - tailed).

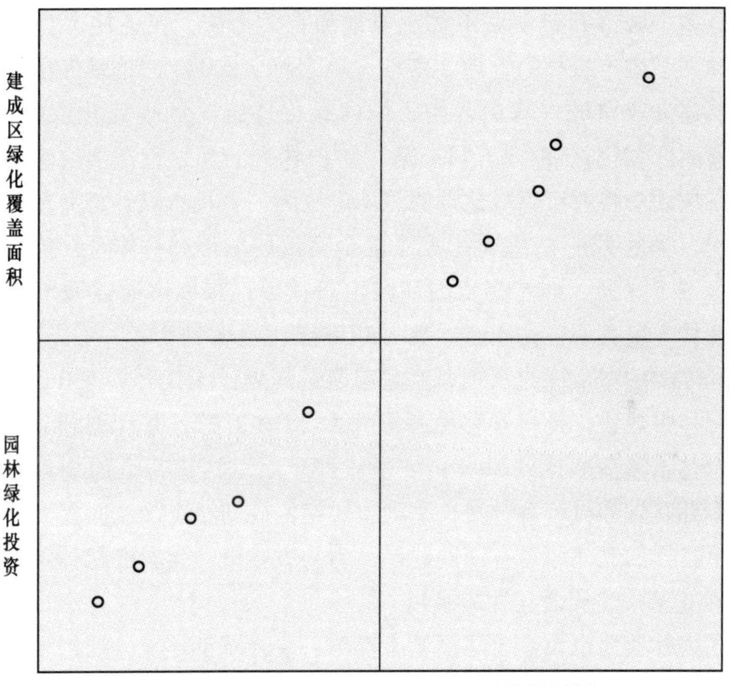

图 2-8 城市建成区绿化覆盖面积与园林绿化投资关系图

因此，近年来，我国城市森林绿化有了快速的发展，这主要得益于城市园林绿化投资的不断增长和城市经济的快速发展。

2.3 城市森林管理

我国城市森林的发展，城市森林的管理也发挥了很大的作用。近年来，多数城市建立起了“城市政府领导，各部门分工负责，环保部门统一监督管理，公众积极参与”的工作机制，加强了城市森林管理的力度（国家统计局城市社会经济调查司，2009）。尤其是城市森林管理工作得到各城市的高度重视，各地相继制定了以建立城市森林体系为中心内容的城市林业规划和一系列政策措施，加大城市森林建设的力度，促进了城市森林的建设。如北京、贵阳、深圳、上海、广州、中山、东莞、珠海等多个城市制定了城市林业规划和有关措施，保证城市林业的发展，加强了城市森林的管理（董峻、周之江，2004）。北京市在规划中提出要建设成“城外青山环抱、城内绿化环绕”的现代化森林城市，目前隔离区绿化林带、“五河十路”防护林带的规划正在加快建设；贵阳市在规划中将城市森林建设的总体定位为“青山入城，林海环市，生态休闲，绿色明珠”，基本形成了健全高效的城市森林体系、自然天成的城市生态绿岛、林城相依的环城生态林带；深圳市通过城市林业规划，使林木覆盖率已达46%，形成以乡土优良树种为主，乔、灌、花、草合理配置的城市绿化系统；上海市通过规划，不仅开展500m宽的环城绿化林带建设，还科学移植各类乔木20多万株，并计划到2010年，使全市林木覆盖率达到30%；安徽省怀宁对城区进行全面规划，以城区乔木拥有量和城市森林覆盖率为主要指标规划城市绿地面积，并加强调城市边界的立体绿色空间的建设，为县级城市开展城市森林建设提供了范例（董峻、周之江，2004）。

国家林业局也设立了建设城市森林，改善城市环境，维持和保护城市生物多样性，提高城市综合竞争力，促进城市走可持续发展道路的城市森林建设目标，并出台了《国家森林城市评价指标》，开展了城市森林建设的规划与实践。在国家森林城市评价标准中明确规定城市森林管理：（1）认真编制城市森林建设总体规划，并纳入城市总体规划予以实施。城市森林建设按照规划严格实施，能按期完成年度建设任务，并有相应的检查考核制度；（2）相关法规和管理制度配套齐全，执法严格有效，无严重非法侵占林地、破坏森林和树木事件，近三年没有发生破坏绿化成果案件；（3）城市森林建设有长期稳固的科技支撑；（4）城市森林建设工作有明确的管理机构；（5）城市森林资源管理档案完整、规范，图件齐备（国家林业局，2007）。这些规划、措施有力地促进了我国城市森林的建设、发展。

2.4　城市森林发展

随着我国城市化的不断发展，城市的环境问题日益突出。尤其是城市热岛效应、大气、土壤、水体、噪音污染和垃圾问题越来越严重，城市绿化是改善城市环境质量的有效途径。城市森林在城市绿化中日益发挥着重要的作用。

1978～2007年，我国各城市的经济实力不断增强，尤其是近几年，城市经济实力得到很大的加强，城市森林也得到快速的发展。同样，以表2－15我国2003～2007年城市建成区绿化覆盖面积与园林绿化投资的数据为例，以城市建成区绿化覆盖面积为因变量，以园林绿化投资为自变量，采用SPSS统计软件拟合我国城市森林发展曲线，并判断城市森林的发展趋势。

首先，对二者之间的直线、对数函数、二次曲线、三次方程等10种曲线的方程拟合如表2－17。

表2－17　城市建成区绿化覆盖面积与园林绿化投资回归模型参数估计表

Dependent Variable：建成区绿化覆盖面积

方程	模型概要					参数估计			
	R^2	F	df_1	df_2	Sig.	Constant	b_1	b_2	b_3
Linear	0.975	115.584	1	3	0.002	22.525	0.154		
Logarithmic	0.983	169.819	1	3	0.001	−300.611	64.338		
inverse	0.977	128.317	1	3	0.001	150.983	−26093.700		
Quadratic	0.984	59.754	2	2	0.016	−16.274	0.341	0.000	
Cubic	0.984	61.163	2	2	0.016	−4.434	0.252	0.000	−1.78E−007

（续）

方程	模型概要					参数估计		
	R^2	F	df_1	df_2	Sig.	Constant	b_1	b_2
Compound	0.964	79.913	1	3	0.003	40.864	1.002	
Power	0.980	148.565	1	3	0.001	0.945	0.749	
S	0.983	176.344	1	3	0.001	5.207	-305.267	
Growth	0.964	79.913	1	3	0.003	3.710	0.002	
Exponential	0.964	79.913	1	3	0.003	40.864	0.002	

The independent variable is 园林绿化投资。

由表2-17可以看出：在10种拟合曲线中，二次曲线（Quadratic）、三次方程（Cubic）的拟合优度（R^2）最高，为0.984；对数函数（Logarithmic）、S曲线（S）的拟合优度次之，为0.983；其他方程的拟合优度较低。因此，需进一步对这4种回归曲线进行参数估计的方差分析。

其次，二次曲线（Quadratic）、三次方程（Cubic）回归曲线的参数估计见表2-18、表2-19。

表2-18　城市建成区绿化覆盖面积与园林绿化投资二次曲线回归模型参数估计表

	未标准化回归系数		标准化回归系数		
	B	Std. Error	Beta	t	Sig.
园林绿化投资	0.341	0.182	2.192	1.880	0.201
园林绿化投资**2	0.000	0.000	-1.208	-1.036	0.409
(Constant)	-16.274	37.896		-0.429	0.709

表2-19　城市建成区绿化覆盖面积与园林绿化投资三次曲线回归模型参数估计表

	未标准化回归系数		标准化回归系数		
	B	Std. Error	Beta	t	Sig.
园林绿化投资	0.252	0.093	1.618	2.714	0.113
园林绿化投资**3	-1.78E-007	0.000	-0.638	-1.070	0.397
(Constant)	-4.434	25.850		-0.172	0.880

因此，由二次曲线、三次方程的参数估计表（表 2 - 18、表 2 - 19）可以看出，两方程的回归系数均未通过检验，不具有统计学意义，说明回归方程不成立。进一步计算对数函数（Logarithmic）、S 曲线（S）的回归模型参数估计见表 2 - 20、表 2 - 21。

表 2 - 20　城市建成区绿化覆盖面积与园林绿化投资对数函数回归模型参数估计表

	未标准化回归系数		标准化回归系数		
	B	Std. Error	Beta	t	Sig.
in（园林绿化投资）	64.338	4.937	0.991	13.031	
(Constant)	-300.611	29.639		-10.143	0.002

表 2 - 21　城市建成区绿化覆盖面积与园林绿化投资 S 曲线回归模型参数估计表

	未标准化回归系数		标准化回归系数		
	B	Std. Error	Beta	t	Sig.
1/园林绿化投资	-305.267	22.988	-0.992	-13.279	0.001
(Constant)	5.207	0.058		89.049	0.000

同样，由表 2 - 20、表 2 - 21 可以看出，对数回归曲线和 S 回归曲线均通过参数检验，具有统计学意义，说明二者的回归模型成立。在此，为了计算方便，特选取 S 曲线作为我国城市建成区绿化覆盖面积与园林绿化投资的回归模型，具体方程为：

$$Y = e^{b_0 + b_1/I}$$

式中：Y——为城市建成区绿化覆盖面积，万 hm^2；

I——为园林绿化投资，亿元；

b_0，b_1——为回归系数。

最后，根据表 2 - 21 的计算结果，我国城市建成区绿化覆盖面积与园林绿化投资的回归方程为：

$$Y = e^{5.207 - 305.267/I}$$

该回归方程的方差分析如表2－22。

表2－22 城市建成区绿化覆盖面积与园林绿化投资S曲线回归模型方差分析表

	平方和	df	Mean Square	F	Sig.
回归	0.078	1	0.078	176.344	0.001
残差	0.001	3	0.000		
总计	0.079	4			

The indepen dent variable is 园林绿化投资。

表2－22表明，该回归方程的F值为176.344，Sig.值为0.001，小于0.05的显著性水平，说明回归方程具有统计学意义，能够用该方程反映我国城市建成区绿化覆盖面积的变化趋势。因此，在目前我国城市园林绿化投资年均13.04%增长的情况下，2010～2015年城市建成区绿化覆盖面积、城市森林面积的变化见表2－22、图2－9。

表2－22 表2010～2015年我国城市园林绿化投资额、建成区覆盖面积和城市森林面积预测表

年份	2007	2010	2011	2012	2013	2014	2015
城市园林绿化投资（亿元）	525.56	759.13	858.13	970.03	1096.52	1239.50	1401.13
建成区绿化覆盖面积（万 hm^2）	102	122.10	127.90	133.26	138.19	142.70	146.81
城市森林面积（万 hm^2）	94.54	113.17	118.55	123.51	128.08	132.26	136.07

由上述计算可以看出，在目前我国城市园林绿化投资和建成区绿化覆盖面积的增长水平下，2010年，我国城市森林面积为113.17万 hm^2；2012年为123.51万 hm^2；2015年将达到136.07万 hm^2，城市森林面积将会有较快的增长。

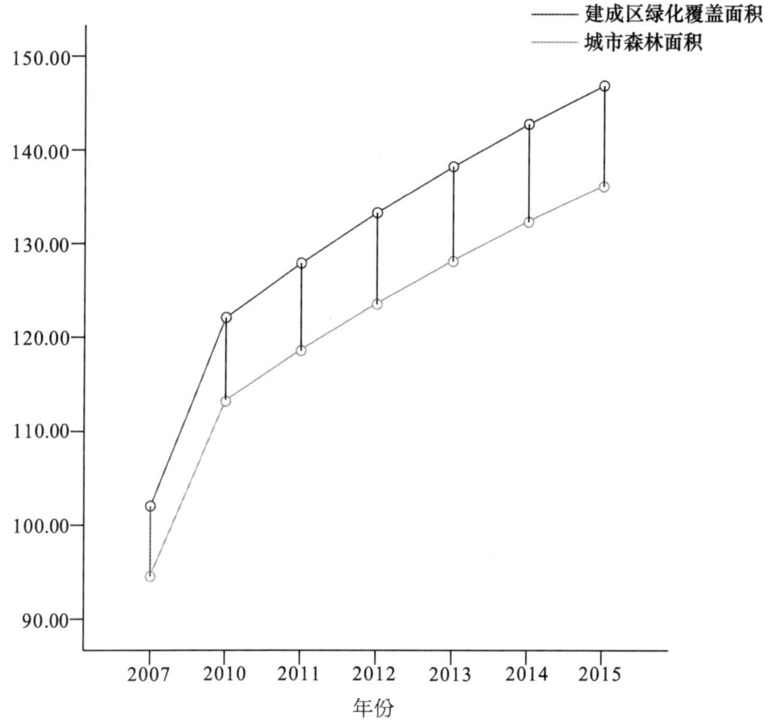

建成区绿化覆盖面积
城市森林面积

150.00
140.00
130.00
120.00
110.00
100.00
90.00

2007 2010 2011 2012 2013 2014 2015
年份

图2－9　2010～2015年我国城市建成区覆盖面积和城市森林面积变化趋势图

第3章 城市森林环境影响识别和评价指标体系的建立

> 城市森林对环境的影响主要表现在对城市生态环境的影响和对城市居民的生理健康、社会福利和经济繁荣的影响等方面。研究结果表明：在我国目前的城市森林环境影响中，城市森林对经济环境的影响最大，对人口发展的影响次之，第三是对社会环境的影响，最后是对生态环境的影响。这和我们的想象存在较大的差距。

城市森林对环境的影响主要表现在对粉尘、SO_2、烟尘、CO_2、NOx等的吸收和噪声的防治、水源涵养、生物多样性保护等方面；另外，城市森林还对城市居民的生理健康、社会福利和经济繁荣发挥着重要作用。因此，对城市森林的环境影响进行识别，并建立有关评价的指标体系，对城市森林发展规划、管理以及政策制定有重要的作用。

3.1 城市森林环境影响的界定

3.1.1 环境的定义

环境（environment）是指围绕某一中心事物的围绕物或周围的状况。环境因中心事物的不同而不同。环境按范围的大小可分为宇宙环境、地球环境、区域环境、微环境。按性质可分为自然环境、半人工环境和人工环境。以人为主体划分就是以人类为中心，其他的生命物质和非生命物质都被称为环境要素，或人类环境。一般所说的环境是指以人类为中心的人类环境，它分为自然环境和社会环境。

另外，《中华人民共和国环境保护法》第一章第二条指出：“本法所称环境是指影响人类生存和发展的各种天然的和经过人工改造的自然因素的总体，包括大气、水、海洋、土地、矿藏、森林、草原、野生生物、自然遗迹，人文遗迹、风景名胜区、自然保护区、城市和乡村等”（东方法眼，2001）。

3.1.1.1　自然环境

自然环境是指环绕于人类周围的自然界，是人类生存和发展所依赖的各种自然条件的总和。它包括大气、水、土壤、生物和各种矿物资源等。通常按照构成自然环境的总体因素划分，自然环境可分为大气圈、水圈、生物圈、土圈和岩石圈五个自然圈。按照功能来划分，自然环境又分为生态环境、生物环境和地下资源环境等。

值得一提的是，生态环境是由生态关系组成的环境的简称，是指与人类密切相关的，影响人类生产、生活活动的各种自然力量或作用的总和。这里的自然包括在人工干预下形成的第二自然；自然力量包括物质和能量。生态环境不仅包括各种自然要素的组合，还包括人类与自然要素间相互形成的各种生态关系的组合。它强调的是从生态学的角度反映水、土、光、气、热、动植物等这些自然要素与人类长期共处所产生的各种依存关系和相互作用。

生态环境与自然环境在含义上十分相近，但并不相同。自然环境是各种自然因素的总体，它的外延比较广；自然环境中只有具有一定生态关系的构成的系统整体才能称为生态环境。仅有非生物因素组成的整体，虽然可以称为自然环境，但并不能叫作生态环境。因此，生态环境仅是自然环境的一种，二者具有包含关系。

3.1.1.2　社会环境

社会环境是指人类在自然环境的基础上，在生存及活动范围内所形成的社会物质、精神条件的总和。它也是人类为了不断提高物质和精神生活水平，通过长期计划、有目的的发展，创造和建立起来的人工环境，如城市、农村、工矿区等。

社会环境按功能划分主要包括：①聚落环境，即包括院落环境、村落环境和城市环境；②工业环境；③农业环境；④文化环境；⑤医疗休养环境等。按照构成因素划分主要分为政治因素、经济因素、文化因素、讯息因素等。按照要素构成的性质划分可分为：①物理社会环境，包括建筑物、道路、工厂等；②生物社会环境，包括驯化、驯养的植物和动物；③心理社会环境，包括人的行为、风俗习惯、法律和语言等。

社会环境一方面是人类精神文明和物质文明发展的标志，另一方面又随着人类文明的演进而不断地丰富和发展。

3.1.2 城市森林环境影响

城市森林对环境的影响主要是指森林对城市环境的影响。城市环境是一种区域环境，是指城市地域范围内的自然和社会因素的总和，泛指影响城市人类活动的各种外部条件。包括自然环境、人工环境、社会环境和经济环境等。它是人类创造的高度人工化的生存环境。

城市环境为城市居民的物质和文化生活创造了良好的条件，但人类的活动往往又对城市自然环境和生态环境产生严重的破坏和污染。城市森林的环境影响主要是使用森林的生态、经济、社会等服务功能，在人工的干预的情况下，使遭到破坏和污染的自然环境和生态环境得到恢复，或防止和减缓城市自然环境和生态环境的恶化，防止和减少城市环境不良影响的发生。

3.2 城市森林环境影响识别的目标、原则

3.2.1 目标

城市森林环境影响识别是城市森林规划和管理的重要组成部分。城市森林环境影响识别的目标是多元的，有经济、社会、生态和人口目标，有促进城市经济增长与结构优化的目标，有促进社会公平与效率的目标，还有协调环境与社会、经济可持续性的目标。辨别城市森林环境影响的因素和内容，并设计环境影响的评价指标体系，必须满足这些目

标的要求，促进城市森林规划和管理的发展。

3.2.1.1　经济性目标

经济性目标首先要体现发展性。因为不同发展水平的城市森林绿化投资的程度是不一样的。改革开放以来，我国综合国力明显上升，经济总量从 1987 年世界排位第 10 位，跃居 2007 年世界排位第 4 位。但从人均水平来看，2007 年我国人均 GDP 位居世界第 106 位，与发达国家相比还有很大差距。城市经济的发展，必须坚持以经济建设为中心，着力把握城市发展规律，转变发展方式，增加经济实力。其次，以满足人们对生态、环境的不断需求，促进生活质量的不断改善。

3.2.1.2　社会性目标

社会性目标就是在经济发展的基础上，注重城市社会建设，保障和改善民生，努力使城市居民有良好的居住环境，并且在不断提高人口素质的前提下，保护环境，促进资源的有效利用和社会的不断进步。从发展空间上看，城市森林的环境影响识别的社会性目标就是要保持城乡之间、区域之间的协调发展。

3.2.1.3　生态性目标

生态性目标就是要在城市自然生态环境的可承载能力范围内既要达到经济发展的目的，又要保护好城市居民赖以生存的大气、淡水、海洋、土地和森林等自然资源和环境，使子孙后代能够永续发展和安居乐业。生态性目标中的发展不仅体现在水平状态上，还体现在发展的支撑力上。这些支撑力既包括城市基础设施和生态环境建设等硬件支撑，也包括科技研发、组织管理，体制环境等软件支撑。城市可持续发展必须重视其生态环境支撑能力的建设，它是城市持续发展的内在动力之一。

3.2.1.4　人口目标

人口目标主要是城市森林的环境识别要有利于促进人口的全面发展。包括人口素质的提高，健康、卫生水平的改善和文化、科学水平的发展等。

3.2.2 原则

环境影响识别是评价的基础，它遵循的原则主要有：

3.2.2.1 科学性原则

科学性原则指环境影响识别应建立在科学的系统基础之上，以研究目标为指导，进行主要影响因素的识别，并设计有关评价的指标体系。并对所选指标要进行检验，以保证识别指标设置和计算方法的正确性。

3.2.2.2 全面性原则

全面性原则是指识别和评价指标体系是多种因素综合作用的结果。因此，识别和评价指标体系应该从不同的角度反映城市森林环境影响的主要特征和状况，涵盖经济、社会、生态和人的发展等各主要领域，全面反映环境影响的内涵。

3.2.2.3 代表性原则

尽管环境的内容几乎涉及了经济、社会、生态和人的发展等各个领域，但是指标体系却不可能包罗万象，指标选择应强调代表性和典型性，避免意义相近或重复的指标。

3.2.2.4 可比性原则

环境影响识别和评价是跨时空的研究活动。因此，识别和评价指标设计与处理应在不同城市、在不同时期上具有可比性，以便进行横向和纵向比较。

3.2.2.5 可行性原则

城市森林环境影响识别和评价指标设计要考虑数据可获得性和数据的可靠性及数据质量的稳定性。要尽可能使用现有统计体系下的统计资料，以便识别和评价具有可行性，识别和评价结果能够代表性强、可靠度高。

3.3 环境影响识别的指标体系的构建

结合城市森林环境影响的研究现状和已有的研究成果，根据上述目标和原则，运用理论分析、经验选择和专家咨询相结合的方法，从环境的内涵出发，构造了能够全面反映环境内容的经济、社会、生态和人口四个方面的指标体系。具体为：

第一层次（目标层）：城市森林综合环境影响（A）；

第二层次（准则层）：在第一层次目标下垂直分为：经济环境影响（B_1），社会环境影响（B_2），生态环境影响（B_3）和人口发展影响（B_4）。

第三层次（指标层）：在第二目标层次下，平行构建能够直接被测量的具体目标的指标。具体来说：

经济环境影响（B_1）：选取反映城市森林行业产出规模的经济指标“林业总产值（C_1）”和“林业产业增加值占GDP比重（C_2）”，选取反映经济规模指标“GDP总量（C_3）”；选取反映经济发展水平的指标“人均GDP（C_4）”，共4个指标。

社会环境影响（B_2）：选取具体反映城市森林对居民社会发展影响的指标“森林提供的就业机会（C_5）”、“森林游憩价值（C_6）”和“森林的科学、文化、历史价值（C_7）”（张颖，2007），以及反映城市人口规模的指标“城市人口（C_8）”；选取反映生活质量指标“人均可支配收入（C_9）”，“恩格尔系数（C_{10}）”，共6个指标。

生态环境影响（B_3）：选取具体反映城市森林对城市生态环境改善贡献的指标“生物多样性保护（C_{11}）”、“固碳供氧（C_{12}）”、“净化空气（C_{13}）”、“森林景观（C_{14}）”、“森林土壤保育（C_{15}）”、“水源涵养（C_{16}）”和“水土保持（C_{17}）”，选取城市污染状况的指标“工业废水排放量（C_{18}）”、“工业SO_2排放量（C_{19}）”、“工业烟尘排放量（C_{20}）”；选取污染治理的指标“工业污染源治理投资（C_{21}）”，共11个指标。

人口发展影响（B_4）：选取具体反映人口发展与城市森林面积关系的指标“人均城市森林面积（C_{22}）”，反映环境优化的指标“人均公共绿地面积（C_{23}）”、“建成区绿地覆盖率（C_{24}）”；选取反映经济与环境协调发展的指标“工业污染治理投资/GDP（C_{25}）”，共4个指标。

因此，在城市森林综合环境影响的指标选取中，本研究共选取了25个指标。这些指标的选取均是建立在上述目标和原则以及现有统计

资料的基础上。

环境影响识别指标体系如图 3－1 所示。

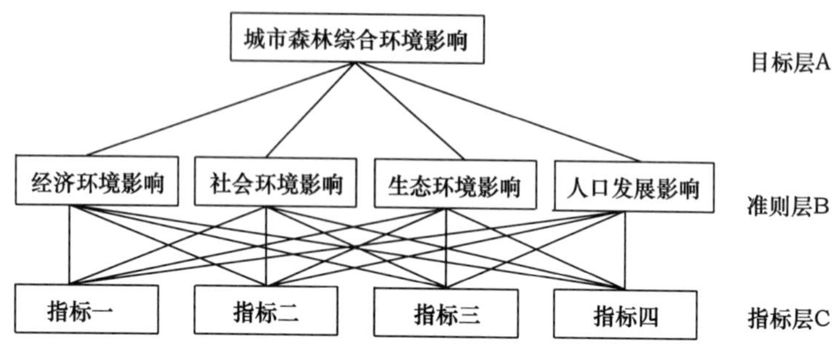

图 3－1　环境影响识别指标体系图

3.4　城市森林环境影响的识别

3.4.1　基本原理和步骤

对城市森林环境影响的识别主要采用层次分析法（analytic hierarchy process，AHP）来进行。它是由美国运筹学家、匹兹堡大学的萨迪（T. L，Saaty）教授于 20 世纪 70 年代初提出的，是一种定量和定性相结合的系统分析方法，广泛用于社会经济的很多领域的评价。

层次分析法评价的具体步骤如下：

3.4.1.1　建立评价层次结构

即根据评价的目标和对象，构造评价的系统层次关系。

3.4.1.2　构造两两比较判断矩阵

对每一层次的各要素通过两两比较，进行相对重要性判断，并构造判断矩阵如 $\overline{B}$。

$$\overline{B}=\begin{bmatrix} b_{11} & b_{12} & \cdots & b_{1n} \\ b_{21} & b_{22} & \cdots & b_{2n} \\ \vdots & & & \vdots \\ b_{n1} & b_{n2} & \cdots & b_{nn} \end{bmatrix}$$

3.4.1.3　层次单排序及一致性检验

层次单排序是指与上一层次某要素有关联的本层次要素之间重要次序的排列，层次单排序一般采用计算判断矩阵的特征根和特征向量的方法进行。

假设 $W=(w_1, w_2, \cdots, w_n)$ 是矩阵 $\overline{B}$ 的特征向量，它表示 $\overline{B}$ 层要素的权重，而 n 为 $\overline{B}$ 的特征值，则求解下式即可求出权重 W。

$$(\overline{B}-nI)\ W=0$$

一般情况下，$\lambda_{max} \geqslant n$。

一致性指标 $C \cdot I$ 的计算公式为：

$$C \cdot I=\frac{\lambda_{max}-n}{n-1}$$

当 $C \cdot I=0$ 时，判断矩阵为一致性矩阵。另外，还需根据表 3－1 判断矩阵的平均随机一致性指标 $R \cdot I$ 和下列公式计算 $C \cdot R$，当 $C \cdot R<0.1$，认为判断矩阵具有满意的一致性，否则应该对判断矩阵作出适当的修正。

$$C \cdot R=\frac{C \cdot I}{R \cdot I}$$

表 3－1　判断矩阵 $R \cdot I$ 值

n	1	2	3	4	5	6	7	8	9	10	11	12	13	14	15
$R \cdot I$	0	0	0.52	0.89	1.12	1.26	1.36	1.41	1.46	1.49	1.52	1.54	1.56	1.58	1.59

3.4.1.4　层次总排序

层次总排序一般自上而下，逐层顺序进行。对于最高层，其层次单排序即为总排序。对准则层和指标层要根据计算得到的组合权重进行层次总排序。

3.4.1.5　进行方案评价

根据检验后的总排序结果，选取具有最大的组合权重的方案为最优方案。

3.4.2 环境影响的识别

根据上述原理和步骤，进行城市森林环境影响的识别。

3.4.2.1 构造判断矩阵

判断矩阵 A—B

A	B_1	B_2	B_3	B_4
B_1	1	3/2	2	3/2
B_2		1	3/2	1/2
B_3			1	1/2
B_4				1

判断矩阵 B_1—C

B_1	C_1	C_2	C_3	C_4
C_1	1	2	5	7
C_2		1	2	3
C_3			1	2
C_4				1

判断矩阵 B_2—C

B_2	C_5	C_6	C_7	C_8	C_9	C_{10}
C_5	1	2	2	3	5	7
C_6		1	2	2	5	7
C_7			1	2	5	5
C_8				1	2	3
C_9					1	3
C_{10}						1

判断矩阵 B_3—C

B_3	C_{11}	C_{12}	C_{13}	C_{14}	C_{15}	C_{16}	C_{17}	C_{18}	C_{19}	C_{20}	C_{21}
C_{11}	1	9	9	7	7	2	2	2	3/2	3/2	3/2
C_{12}		1	3/2	1/5	1/5	1/5	1/5	1/5	1/5	1/5	1/5
C_{13}			1	1/5	1/5	1/5	1/5	1/5	1/5	1/5	1/5
C_{14}				1	1/5	1/5	1/5	1/5	1/5	1/5	1/5
C_{15}					1	1/5	1/5	1/5	1/5	1/5	1/5
C_{16}						1	3/2	3/2	3/2	3/2	3/2
C_{17}							1	3/2	3/2	3/2	3/2
C_{18}								1	3/2	3/2	3/2
C_{19}									1	3/2	3/2
C_{20}										1	3/2
C_{21}											1

判断矩阵 B_4—C

B_4	C_{22}	C_{23}	C_{24}	C_{25}
C_{22}	1	2	5	5
C_{23}		1	2	5
C_{24}			1	2
C_{25}				1

3.4.2.2　求特征根和特征向量

A—B 判断矩阵，有

$$W_a = \begin{bmatrix} 0.345 \\ 0.201 \\ 0.151 \\ 0.304 \end{bmatrix} \quad \lambda_{max} = 4.052, \ CR = 0.019 < 0.1$$

B_1—C 判断矩阵，有

$$W_{B_1} = \begin{bmatrix} 0.548 \\ 0.250 \\ 0.128 \\ 0.075 \end{bmatrix} \quad \lambda_{max} = 4.018, \ CR = 0.007 < 0.1$$

B_2—C 判断矩阵，有

$$W_{B_1} = \begin{bmatrix} 0.342 \\ 0.254 \\ 0.194 \\ 0.110 \\ 0.064 \\ 0.036 \end{bmatrix} \quad \lambda_{max} = 6.184, \ CR = 0.029 < 0.1$$

B_3—C 判断矩阵，有

$$W_{B_3} = \begin{bmatrix} 0.192 \\ 0.020 \\ 0.018 \\ 0.042 \\ 0.035 \\ 0.136 \\ 0.126 \\ 0.117 \\ 0.112 \\ 0.104 \\ 0.097 \end{bmatrix} \quad \lambda_{max} = 11.881, \ CR = 0.058 < 0.1$$

B_4—C 判断矩阵，有

$$W_{B_4}=\begin{bmatrix}0.510\\0.288\\0.128\\0.074\end{bmatrix}\quad \lambda_{max}=4.067,\ CR=0.025<0.1$$

3.4.2.3　层次总排序

因此，城市森林环境影响识别的层次总排序如表 3－2、图 3－2。

3－2　城市森林环境影响识别的层次总排序表

层次 B	B_1	B_2	B_3	B_4	层次总排序	因子相对重要性
层次 C	0.345	0.201	0.151	0.304		
C_1	0.548				0.189	
C_2	0.250				0.086	
C_3	0.128				0.044	经济环境影响占
C_4	0.075				0.026	0.35
C_5		0.342			0.069	
C_6		0.254			0.051	
C_7		0.194			0.039	
C_8		0.110			0.022	
C_9		0.064			0.013	社会环境影响占
C_{10}		0.036			0.007	0.2
C_{11}			0.192		0.029	
C_{12}			0.02		0.003	
C_{13}			0.018		0.003	
C_{14}			0.042		0.006	
C_{15}			0.035		0.005	
C_{16}			0.136		0.021	
C_{17}			0.126		0.019	
C_{18}			0.117		0.018	
C_{19}			0.112		0.017	
C_{20}			0.104		0.016	生态环境影响占

（续）

层次 B	B_1	B_2	B_3	B_4	层次总排序	因子相对重要性
层次 C	0.345	0.201	0.151	0.304		
C_{21}			0.097		0.015	0.15
C_{22}				0.51	0.155	
C_{23}				0.288	0.088	
C_{24}				0.128	0.039	人口发展影响占
C_{25}				0.074	0.022	0.3

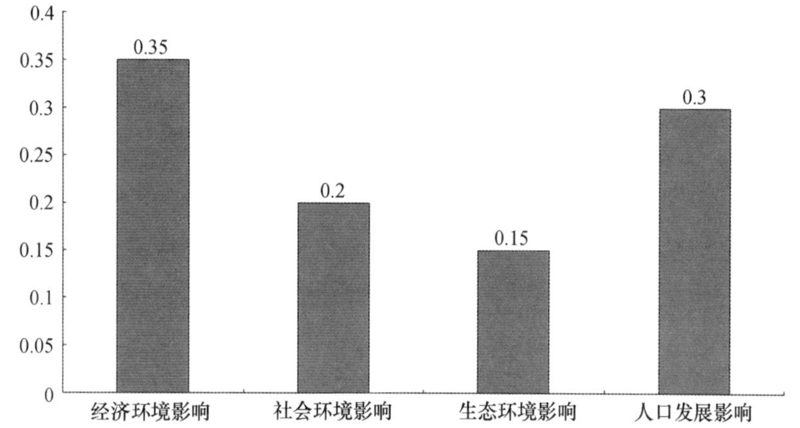

图 3－2　城市森林环境影响识别的层次总排序图

因此，在我国城市森林环境影响中，经济环境影响占 35.00%，社会环境影响占 20.00%，生态环境影响占 15.00%，人口发展影响占 30.00%。由此可见，在我国的城市森林发展中，还主要强调城市森林对经济环境的影响，而对生态环境的影响不像想象中的那么重要。因此，加强城市森林发展的宣传，提高城市森林对生态环境影响的认识，是促进我国城市森林发展的当务之急。

3.5　基本结论和分析

从上面的识别结果可以看出，在我国的城市森林环境影响中，基于目前的现状，城市森林对经济环境的影响最大，对人口发展的影响次之，第三是对社会环境的影响，最后是对生态环境的影响。这和我们的想象存在较大的距离。

实际上，从表 3－2 可以看出，在城市森林对经济环境的影响中，“林业总产值（C_1）”所占的比重最大，为 18.90%；“人均 GDP（C_4）”最小，仅为 2.6%。说明人们对城市森林的经济环境影响更多地关注行业产出规模的影响，而不是关注对经济发展水平的影响。

在对社会环境影响中，对“森林提供的就业机会（C_5）”影响最大，占 6.9%；对“恩格尔系数（C_{10}）”影响最小，仅占 0.7%。说明人们更多地关注城市森林对就业的影响，对生活质量的影响不太关注。

在对生态环境影响中，对“生物多样性保护（C_{11}）”的影响最大，为 2.9%；其次为对“水源涵养（C_{16}）”的影响，为 2.1%；最小的分别为“固碳供氧（C_{12}）”和“净化空气（C_{13}）”的影响，均占 0.3% 左右。这和人们的实际认识存在较大的差距。说明在城市森林发展中，人们更注重城市森林对生物多样性的保护和对水质的影响，而不是想象中更多地关注城市森林固碳供氧和净化空气的服务功能。

同样在对人口发展影响中，对“人均城市森林面积（C_{22}）”的影响最大，为 15.5%，对“工业污染治理投资/GDP（C_{25}）”的影响最小，占 2.2%。说明人们更多地关注人均拥有森林面积的多少，而不太关注经济与环境协调发展的程度。

总之，我国城市森林环境影响的识别结果，基本反映了目前我国的城市化发展现状。在今后城市化发展中，应扩大宣传，提高认识，更多地关注城市森林对生态环境的影响，提高人们的生活质量和城市的可持续发展能力。

第4章 城市森林对经济环境的影响

城市森林对经济环境的影响主要表现在：①对林业产值的影响；②对森林资源资产的影响。本章研究表明：按建成区绿化覆盖面积计算，我国城市森林每年增加林业产值219.86亿元，每年新增森林资源资产价值4.97亿元。城市森林中林业第三产业产值增加幅度明显高于林业第一、二产业产值增加幅度。

城市森林对经济收入的影响主要体现在对林业产业的促进上，以许昌市为例，近年来，产业发展支撑了城市的生态建设。许昌市主要坚持以市场为导向，以增加农民收入为宗旨，通过调优林业结构，强化科技支撑，培育龙头企业，着力打造花卉苗木这一林业特色产业，为林业生态建设提供坚实的产业支撑。许昌市初步形成了以G311为轴线、鄢陵县—许昌县—魏都区连片发展花卉苗木的格局，面积达到4万hm^2，拥有4大系列、2400多个花木品种，成为全国最大的花卉苗木生产和销售集散地，年产值达20.5亿元，先后被国家林业局、中国花协命名为“全国花卉生产示范基地”、“全国重点花卉市场”和“中国花木之乡”。

4.1 对林业产业产值的影响

4.1.1 对林业产业总产值的影响

按照我国林业统计的要求，林业产业产值主要分为第一产业、第二产业和第三产业。林业第一产业主要包括：①林木的培育和种植；②木材和竹材的采运；③经济林产品的种植与采集；④花卉的种植；⑤陆生野生动物繁育与利用；⑥林业生产辅助服务。林业第二产业包括：①木材加工及木、竹、藤、苇制品制造；②木、竹、藤家具制造；③木、竹、苇浆造纸；④林产化学产品制造；⑤木制工艺品和木制文教体育用品制造；⑥非木制林产品加工制造业；⑦其他。林业第三产业包括：①林业旅游与休闲服务；②林业生态服务；③林业专业技术服务；④林业公共管理及其他组织服务（国家林业局，2009）。

由于我国缺少城市森林林业产业产值的统计数据，我们仅仅能够根据一些城市的林业产业产值的统计数据粗略地估算全国城市森林的林业产值的大小。

根据2008年《中国林业统计年鉴》的统计资料：2003～2008年北京、天津、上海、重庆4城市的林业产业总产值统计见表4－1。

表4－1　2003～2008年北京、天津、上海、重庆4城市的林业产业总产值统计表

序号	城市	年份	林业产业总产值（万元）			
			合计	第一产业	第二产业	第三产业
1	北京	2003	552916	343085	192135	17696
	天津		35946	33733		2213
	上海		257840	250533	4114	3193
	重庆		697420	410984	69889	216547
	合计		1544122	1038335	266138	239649
2	北京	2004	632028	384211	226834	20983
	天津		40778	38344		2434
	上海		286706	269962	3472	13272
	重庆		790527	473192	86468	230867
	合计		1750039	1165709	316774	267556
3	北京	2005	441105	500848		27406
	天津		48346	42374	3465	2507
	上海		278594	261130	12870	484
	重庆		1092656	578371	93293	320804
	合计		1860701	1382723	109628	351201
4	北京	2006	445695	390295	27012	28388
	天津		50101	43221		6880
	上海		271591	233419	16730	21442

（续）

序号	城市	年份	林业产业总产值（万元）			
			合计	第一产业	第二产业	第三产业
	重庆		1259360	632157	265921	361282
	合计		2026747	1299092	309663	417992
5	北京	2007	619221	513943	71225	34053
	天津		168658	141797	9544	17317
	上海		434880	305955	99434	29491
	重庆		1471230	791041	443884	236305
	合计		2693989	1752736	624087	317166
6	北京	2008	1071371	564063	143218	364090
	天津		213885	180550	15638	17697
	上海		749431	264887	443231	41313
	重庆		1742922	1067442	431183	244297
	合计		3777609	2076942	1033270	667397

资料来源：国家林业局，2009。

由上述统计资料可以看出，2003～2008年，4城市的林业生产总值占全国林业生产总值2%左右；占地区生产总值1%左右（表4－2，图4－1）。

表4－2　2003～2008年北京、天津、上海、重庆4个城市林业生产总值占全国林业生产总值和地区生产总值比重表

年份	2003	2004	2005	2006	2007	2008
林业产业总产值（亿元）	154.41	175	186.07	202.67	269.4	377.76
其中：						
第一产业	103.83	116.57	138.27	129.91	175.27	207.69
第二产业	26.61	31.68	10.96	30.97	62.41	103.33
第三产业	23.96	26.76	35.12	41.8	31.72	66.74
全国林业生产总值（亿元）	5860.33	6892.21	8458.74	10652.22	12533.42	14406.41
占全国林业生产总值比重（%）	2.63	2.54	2.20	1.90	2.15	2.62

（续）

年份	2003	2004	2005	2006	2007	2008
地区生产总值（亿元）	14612.13	17330.85	22808.6	26087.374	30715.08	35637.22
占地区生产总值的比重（%）	1.06	1.01	0.82	0.78	0.88	1.06

资料来源：国家林业局，2009。

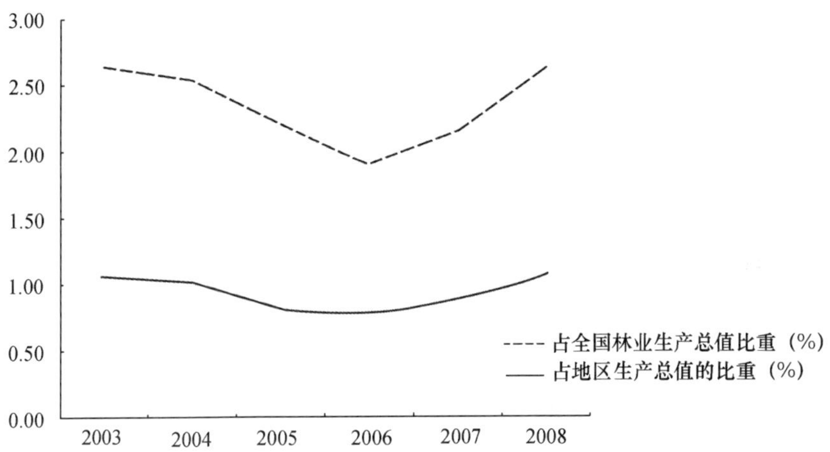

图4－1　2003～2008年北京、天津、上海、重庆4个城市林业生产总值占全国林业生产总值和地区生产总值比重图

因此，由图4－1可以看出，4个城市林业生产总值占全国林业生产总值的比重先下降，后上升；占地区生产总值的比重基本处于上升趋势。4城市林业生产总值占全国林业生产总值的平均加权比重为2.36%；占地区生产总值的平均加权比重为0.94%。

如果按照4城市林业生产总值占地区生产总值的平均加权比重计算，2003～2008年，我国城市森林的林业总产值估算见表4－3。

因此，由估算结果可以看出，我国城市森林2003～2008年林业产值是不断增加的，由2003年的1277.87亿元，增加到2008年的2826.30亿元，年均增加17.20%，即每年增加219.86亿元。

表 4－3　2003～2008 年我国城市森林的林业总产值估算表

年份	2003	2004	2005	2006	2007	2008
地区生产总值（亿元）	135943.10	163350.70	198627.10	230547.80	282528.80	300670.00
估算的城市森林的林业生产总值（亿元）	1277.87	1535.50	1867.09	2167.15	2655.77	2826.30
全国林业生产总值(亿元)	5860.33	6892.21	8458.74	10652.22	12533.42	14406.41
占全国林业生产总值比重（%）	21.81	22.28	22.07	20.34	21.19	19.62

4.1.2　对林业第一、二、三产业产值的影响

同样，根据表 4－2 的数据，分别以 2003～2008 年 4 城市林业第一、二、三产业产值为因变量 y_1、y_2、y_3，以地区生产总值为自变量，采用统计软件 SPSS 进行回归，得出的方程为：

(1) y_1—x 回归方程

回归方程为生长曲线（Growth），具体参数见表 4－4、表 4－5、表 4－6 和图 4－2。

表 4－4　y_1—x 回归方程基本情况

R	R^2	调整后 R^2	估计的标准误差
0.967	0.935	0.919	0.074

注：自变量为 x。

表 4－5　y_1—x 回归方程方差分析表

	平方和	自由度	平均平方	F 值	Sig.
回归	0.313	1	0.313	57.797	0.002
残差	0.022	4	0.055		
合计	0.334	5			

注：自变量为 x。

表 4－6　y_1—x 回归方程系数表

	未标准化回归系数		标准化回归系数		
	B	Std. Error	Beta	t	Sig.
x	3.14E－005	0.000	0.967	7.602	0.002
常数	4.180	0.106		39.560	0.000

注：因变量是 ln（y_1）。

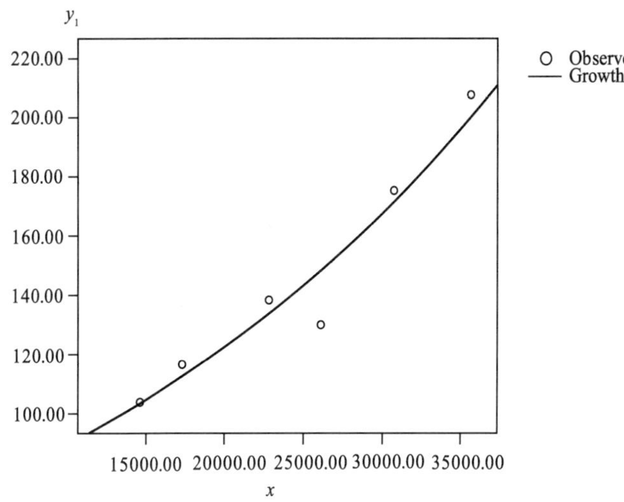

图4-2　y_1—x 回归曲线图

因此，y_1—x 方程为：

$$y_1 = e^{4.180 + 0.0000314/x}$$

式中：y_1——为林业第一产业产值，亿元；

x——为地区生产总值，亿元。

(2) y_2—x 回归方程

y_2—x 回归方程为二次方程（Quadratic），具体参数见表4-7、表4-8、表4-9和图4-3。

表4-7　y_2—x 回归方程基本情况

R	R^2	调整后 R^2	估计的标准误差
0.979	0.959	0.932	8.701

注：自变量为 x。

表4-8　y_1—x 回归方程方差分析表

	平方和	自由度	平均平方	F值	Sig.
回归	5346.816	2	2673.408	35.310	0.008
残差	227.138	3	75.713		
合计	5573.954	5			

注：自变量为 x。

表 4-9　y_2—x 回归方程系数表

	未标准化回归系数		标准化回归系数		
	B	Std. Error	Beta	t	Sig.
x	-0.016	0.004	-3.701	-3.900	0.030
X**2	3.79E-007	0.000	4.540	4.785	0.017
常数	176.922	46.719		3.787	0.32

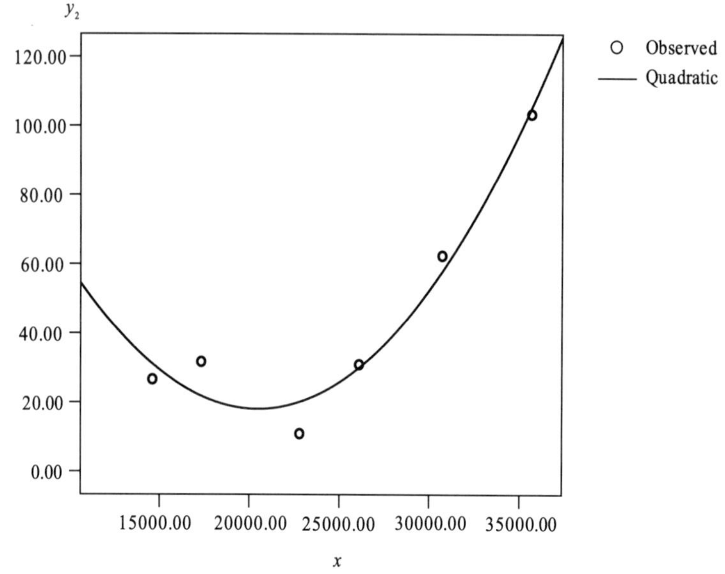

图 4-3　y_2—x 回归曲线图

即 y_2—x 的回归方程为：

$$y_2 = 176.922 - 0.0155x + 0.000000379x^2$$

式中：y_2——林业第一产业产值，亿元；

x——地区生产总值，亿元。

(3) y_3—x 回归方程

同样，y_3—x 回归方程为生长曲线（Growth），具体参数见表 4 -

10、表4－11、表4－12和图4－4。

表4－10 y_3—x 回归方程基本情况

R	R^2	调整后的 R^2	估计的标准误差
0.857	0.735	0.669	0.211

注：自变量为 x。

表4－11 y_3—x 回归方程方差分析表

	平方和	自由度	平均平方	F值	Sig.
回归	0.494	1	0.494	11.103	0.029
残差	0.178	4	0.045		
合计	0.672	5			

注：自变量为 x。

表4－12 y_3—x 回归方程系数表

	未标准化回归系数		标准化回归系数		
	B	Std. Error	Beta	t	Sig.
x	3.95E－005	0.000	0.857	3.332	0.029
常数	2.600	0.303		8.578	0.001

注：因变量为 In（y_3）。

因此，y_3—x 回归方程为：

$$y_3 = e^{2.600 + 0.0000395/x}$$

式中：y_3——林业第三产业产值，亿元；

x——地区生产总值，亿元。

根据上述4城市林业第一、二、三产业与地区生产总值的回归曲线和2003～2008年我国城市地区生产总值的统计数据，粗略地估算2003～2008年我国城市森林的林业第一、第二、第三产业产值如表4－13。

因此，从估算结果可以看出，城市森林的林业第一、二、三产业产值均呈增加趋势，第三产业产值增加幅度大于第一、二产业产值增加幅度。三个产业的合计值，即城市森林的林业产业总产值与表4－3的估算结果是一致的。

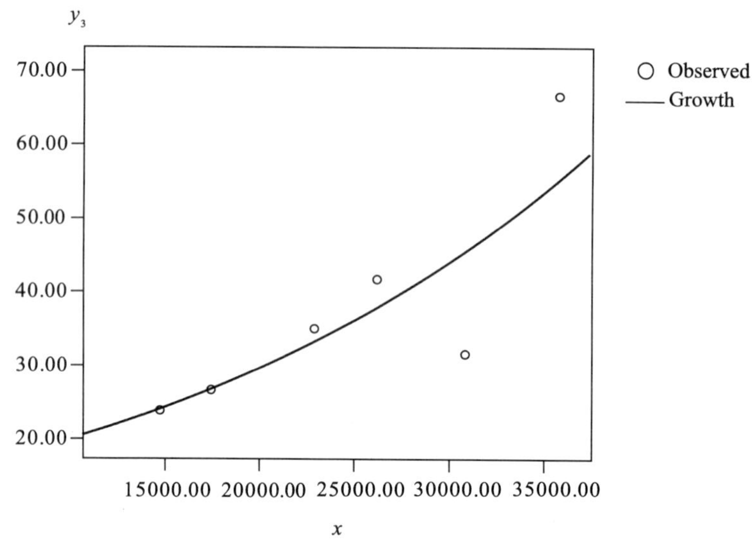

图 4-4　y_3—x 回归曲线图

表 4-13　2003~2008 年我国城市林业第一、二、三产业产值估算表

年份	2003	2004	2005	2006	2007	2008
地区生产总值（亿元）	135943.10	163350.67	198627.06	230547.83	282528.78	300670.00
估算的城市森林的林业第一产业产值（亿元）	859.28	1022.82	1387.45	1389.13	1727.83	1553.88
第二产业产值（亿元）	220.22	277.97	109.98	331.16	615.24	773.09
第三产业产值（亿元）	198.29	234.80	352.41	446.97	312.70	499.33
合计	1277.78	1535.58	1849.84	2167.26	2655.77	2826.30

4.2　城市森林资产价值

城市森林对经济环境的影响也反映在城市森林资产的变化上。它不

仅影响城市森林资产的存量变化，也影响流量变化。

4.2.1　存量、流量

存量指某一核算时点，如期初或期末核算单位拥有的城市森林的数量。存量可以是实物单位，也可以是价值单位。实物单位主要是面积和蓄积，如 hm^2、m^3 等；价值单位为亿元。

流量指核算期内城市森林面积或蓄积的增加、减少和净变化量。

存量与流量之间存在如下动态平衡关系：

期初存量 + 期内增加量 - 期内减少量 = 期末存量

一般计算中，主要计算城市森林林地、林木的存量和流量。

林地存量核算是核算时点各类林地的实物和价值总量及构成情况。资产存量核算可采用直接法和间接推算法。

直接法是在掌握各类林地实物存量及相应价格资料的基础上，直接以实物存量与价格的乘积作为林地的价值。公式为：

$$V_1 = \Sigma q_{i1} \times p_{i1}$$

式中：V_1——报告期第 i 类林地存量价值，亿元；

q_{i1}——报告期第 i 类林地实物量，hm^2；

p_{i1}——报告期第 i 类林地价格，元/ hm^2。

间接推算法是根据期初存量、期内流量和期末存量三者间的动态平衡关系，在林地期初存量、期内流量核算的基础上推算林地期末存量价值。公式为：

$$V_1 = \Sigma V_{i1} = \Sigma(V_{i0} + \Delta V_i) = \Sigma(V_{i0} + G_i - D_i)$$

式中：V_1——报告期第 i 类林地存量价值，亿元；

V_{i1}——报告期第 i 类林地价值，亿元；

V_{i0}——基期第 i 类林地价值，亿元；

ΔV_i——报告期第 i 类林地价值的净变化额，亿元；

G_i——第 i 类林地期内增加的价值，亿元；

D_i——第 i 类林地期内减少的价值，亿元。

林木存量、流量核算方法和公式与林地的核算方法、公式相同。

另外，在城市森林存量、流量的价值核算中，最重要的是确定森林的价格，即主要确定林地、林木的价格。

4.2.2 城市森林资源的价格

从理论上来说，城市森林价值核算的目标之一是保证被核算资源的可持续发展和在无限时间段内贴现后的社会净收益最大。对森林资源来说，这一目标具体为：

$$Max\int_0^{\infty}[B(H_t)-C(H_t,S_t)]e^{-rt}dt$$

条件为：

$$\frac{dS}{dt}=G(S_t)-H_t$$

式中：H_t——森林资源的采伐量；

$B(H_t)$——森林资源的采伐收益；

S_t——森林资源存量；

$C(H_t,S_t)$——采伐成本；

r——森林资源增长率；

t——时间。

令 L_t 为哈密顿函数，则哈密顿方程为：

$$L_t=B[H_t-C(H_t,S_t)+p_t(G(S_t)-H_t]$$

式中：p_t——拉格朗日乘子，也就是森林资源的影子价格。

根据收益最大化的条件方程，得：

$$\frac{\partial L_t}{\partial H_t}=0=\frac{dB}{dH_t}-\frac{\partial C}{\partial H_t}-p_t \tag{1}$$

$$\frac{dp_t}{dt}=rp_t-\frac{dG}{dS_t}+\frac{\partial C}{\partial S} \tag{2}$$

森林资源的增长方程为：

$$\frac{dS}{dt}=G(S_t)-H_t \tag{3}$$

定义 $p_t=\rho(H_t)$，其中 ρ 为森林资源总价格。因此，

$$\frac{dB}{dH_t}=\rho_t \tag{4}$$

将方程（4）代入方程（1），得：

$$p_t=\rho_t-\frac{\partial C}{\partial H_t} \tag{5}$$

方程（5）表明，森林资源的影子价格等于总价格减去单位森林资源采伐的边际成本。这也反映出在城市森林的价值核算中，要实现社会净收益最大和森林的可持续发展，理想的核算价格应该是影子价格，也就是森林资源的净价格（Roger Perman et al.，侯元兆等译著，2002）。这也对实际核算提出了更高的要求，在实际核算中，尽管核算的价格很难满足这一要求，但要实现核算的目标，必须使价格尽量向这一目标靠拢。

对城市森林而言，既包括林地、林木、林副产品，又包括森林生态服务。各种产品和服务有不同的估价方法。目前，林木估价比较接近影子价格的方法是净现值法，具体计算公式为：

$$p_t=\sum_{i=t}^{u}\frac{A_i-C_i}{(1+v)^{i+1}}$$

式中：p_t——t 年生林木林价，元/m^3；

A_i——第 i 年的年收益，元；

C_i——第 i 年的年成本支出，元；

u——林木经营期，年；

v——折现率，%；

t——林分的林龄，年。

年净现值法是计算林木价格的基本方法，也是林木价值核算的理想方法。应用该方法的前提条件是能够较准确地预测林木在未来各年的收益和支出，以及合理确定贴现率（一般可根据实际林业投资收益率确定），这也是该方法应用的难点所在。如果前提条件得到满足，年净现值法适合于各林龄阶段的林价的确定。实践中，年净现值法通常适用于在林木经营期内，每年都有一定的收益和相应成本费用支出的林木，如经济林资产、竹林资产的林价确定，也可用于中龄林林价的确定。

另外，实际核算中，林木期望价法也是接近净现值法的一种核算方法。它是以林木未来主伐时的纯收益在核算时点的现值，扣除核算时点至主伐时预计支出的营林生产成本的现值后的剩余值作为林木的林价，其计算公式为：

$$p_t = \frac{A_u + \sum_{i=t}^{u} D_i (1+r)^{u-i+1}}{(1+r)^{u-t}} - \sum_{i=t}^{u} \frac{C_i}{(1+r)^{i-t+1}}$$

式中：p_t——t 年生林木林价，元/ m^3；

A_u——林木 u 年主伐时的纯收入（指木材销售收入扣除采运成本、销售费用、管理费用、财务费用和有关税费以及木材经营的合理利润后的余额），元；

D_i——第 i 年的间伐净收入或松脂等其他林产品净收益（$i > t$），元；

u——第 i 年的年营林成本支出（主要指森林管护成本和每年地租支出）（$i > t$），元；

r——林分主伐年龄，年；

r——实际林业投资收益率，%；

t——林分的林龄，年。

对于林地价格的计算，理论上也应该采用净现值法确定，但实际中常常采用地租或林地的市场交易价代替。

4.2.3 我国城市森林的存量、流量价值

4.2.3.1 林地存量、流量价值

根据张颖在国家社会科学基金项目“基于森林的绿色 GDP 核算和绿色政策的研究”（05BJY045）的研究成果，目前，我国有林地的平均价格为 5715.63 元/hm^2（张颖，2010）。按照我国城市建成区绿化覆盖面积年均 2.99% 的增长速度计算（国家统计局，2008），我国城市森林面积的存量、流量价值如表 4－14。

表 4－14　我国城市森林面积的存量、流量价值表

序　号	计算范围	存量价值		流量价值	
		城市森林面积（万 hm^2）	价值（亿元）	面积（万 hm^2）	价值（亿元）
1	按城市行政区域土地面积计算	16210.00	9265.04	484.68	277.02
2	按城市建成区面积计算	95.00	54.30	2.84	1.62
3	按建成区绿化覆盖面积计算	102.00	58.30	3.05	1.74

因此，按城市行政区域土地面积计算，我国城市森林面积存量价值为 9265.04 亿元，流量价值为 277.02 亿元；按城市建成区面积计算，存量、流量价值分别为 54.30、1.62 亿元；按建成区绿化覆盖面积计算，城市森林面积存量、流量价值分别为 58.30、1.74 亿元。

4.2.3.2　林木存量、流量价值

同样，根据张颖在《我国林木核算模型及其最优核算价格计算》一文中的研究结果，我国林木的平均价格为 306.86 元/m^3（张颖，2009）。因此，计算的我国城市森林的林木存量、流量价值如表 4－15。

表 4－15　我国城市森林蓄积的存量、流量价值表

序　号	计算范围	存量价值		流量价值	
		蓄积（万 m^3）	价值（亿元）	蓄积（万 m^3）	价值（亿元）
1	按城市行政区域土地面积计算	559407.1	17165.97	16726.27	513.26
2	按城市建成区面积计算	3278.45	100.60	98.03	3.01
3	按建成区绿化覆盖面积计算	3520.02	108.02	105.25	3.23

因此，按城市行政区域土地面积计算，我国城市森林蓄积存量价值为 17165.97 亿元，流量价值为 513.26 亿元；按城市建成区面积计算，存量、流量价值分别为 100.60、3.01 亿元；按建成区绿化覆盖面积计算，城市森林面积存量、流量价值分别为 108.02、3.23 亿元。

汇总城市森林面积、蓄积的存量、流量价值如表 4－16。

表 4-16　我国城市森林面积、蓄积存量、流量价值汇总表

序　号	计算范围	存量价值（亿元）	流量价值（亿元）
1	按城市行政区域土地面积计算	26431.00	790.29
2	按城市建成区面积计算	154.90	4.63
3	按建成区绿化覆盖面积计算	166.31	4.97

第5章 城市森林对生态环境的影响

城市森林对生态环境的影响主要包括保护生物多样性、固碳、净化空气、局部降温和增加水量、改善水质。本章研究表明：按建成区绿化覆盖面积计算，我国城市森林每年保护生物多样性价值251.23亿元/a，固碳价值17.95亿元/a，净化空气价值40.03亿元/a，局部降温价值238.71亿元/a，增加水量、改善水质价值167.1亿元/a，五项合计715.02亿元/a。其中，保护生物多样性价值最大，固碳价值最小。

城市森林对生态环境的影响主要表现在保护生物多样性、固碳制氧、减少污染物，减小噪音，增加局部水分上。

5.1 保护生物多样性

5.1.1 生物多样性的定义

20世纪80年代初，“生物多样性”（biological diversity 或 biodiversity）一词出现在一些自然保护刊物上。1992年联合国环境与发展大会通过的《生物多样性公约》将生物多样性定义为“指所有来源的活的生物体中的变异性，这些来源除其他外包括陆地、海洋和其他水生生态系统及其所构成的生态综合体，包括种内、物种之间和生态系统的多样性”。

1995年，联合国环境规划署在《全球生物多样性评估》中将生物多样性定义为：生物和它们组成的系统的总体多样性和变异性（联合国环境规划署，1995）。

目前，大家比较认同的生物多样性的定义包括三个层次，即遗传多样性、物种多样性和生态系统多样性（国家环保局，1998）。生物多样性强调生命结构，但也包括维持生命的所有功能和过程的多样性。物种多样性的丰富程度在改良作物性状、培育新品种、筛选新原料、发掘物种的新用途等方面都有至关重要的作用，关系到人类的生存与发展。它的价值是巨大的。生物多样性的降低威胁着人类的发展，也威胁到城市森林生态系统本身，它使生态系统的稳定性降低、病虫害猖獗、土地生产力降低等。

城市森林是森林与园林的融合，它如同森林一样，在维持地球上生物多样性方面起着重要的作用。这是因为它在城市区域生态系统中具有重要的生命支持系统的地位，而且它在垂直空间具有很大的空间高度，水平空间上具有很强的异质性和足以维持各种多样生命的高生产量。

5.1.2 生物多样性评价的理论、方法

5.1.2.1 一般生物多样性评价的方法

生物多样性的评估是有效保护生物多样性、合理利用这些资源、保证生物多样性资源可持续发展的基础和关键。森林生物多样性是生物多样性的重要组成部分，但如何科学评估生物多样性仍然是一个难点。近年来，各国学者致力于生物多样性评估的研究，评估的理论不断充实和完善。尤其是对基于生态系统水平的评估的理论方法有了很大的发展，但对包含物种的多样性指标设计评估的研究仍处于起步阶段，特别是判断森林资源是否得到有效保护和可持续经营管理的多样性指标设计的评估基本上还是空白（程志楚，2008）。

对森林生物多样性评价的一般方法主要是：①植被类型多样性；②森林类型多样性，③乔木林按龄组划分的多样性；④乔木林按林种划分的多样性。多样性评价指标采用以下两个指数：

（1）Shannon 指数

$$Sn = -\sum_{i=1}^{s} p_i \cdot \log p_i$$

式中：s——类型数量，个；

p_i——第 i 种类型的面积占全部类型面积的比例,%。

（2）Simpson 指数

$$sp = 1 - \sum_{i=1}^{s} p_i^2$$

式中字母含义同上式。

但这种评价方法存在明显的缺陷，主要表现在：①森林生物多样性包括生态系统多样性、物种多样性和遗传多样性三个层次。采用该方法评估的森林生物多样性只考虑了生态系统多样性，物种多样性和遗传多样性没有被考虑。②这种方法评估的指标单一，无法判断森林资源是否得到有效保护和可持续经营管理，并难以为这些要求提供可靠的依据。③这种方法的评估结果不适应履行《生物多样性公约》以及开展“全球森林资源评估”等国际合作项目的需要。因此，如何科学的评价森林生物多样性仍处于不断研究完善之中。

5.1.2.2　生物多样性价值评估的方法

目前，各国对森林生物多样性价值评估的方法主要分为三类，即市场估价法，揭示、陈述偏好法和综合技术评价法。

（1）市场估价法

市场估价法具体包括 4 种主要方法。

①实际市场价法　实际市场价法也叫市场法（李金昌，1991）。它是由森林生物多样性交易和转让或投标竞争中，直接形成的市场价格。这种价格尤其适合于一些动植物物种的引进与交易。在许多情况下，生物多样性资源很少或者根本不进行交易。实际市场价法需要完善的市场体系，其经济学意义就在于森林生物多样性具有市场价值，可进行市场交易。

②预期净收入现值法　预期净收入现值法是通过估算森林生物多样性资产的未来净收入，并以反映未来收益风险和现在对未来收益流量的选择的贴现率对这些收益流量打折扣的方法来计算（联合国，1994）。

③净价法　净价法是森林生物多样性产品（原料）的实际市场价，

减去包括投资在内的生产成本正常收益率，然后再用森林生物多样性资产的存量乘净价而对其进行价值评估的方法（Repetto，R.，and others，1989）。这一方法适用于野生生物群的价值评估，它是预期净收入现值法的简化方法。它假定由于使用可得到的资金而产生的未来贴现收入的流量被忽略不计。在我国，许多人又把这一方法称为逆算法（李金昌，1991）。

④机会成本法　机会成本法是由于森林生物多样性在稀缺的条件下，该资源一旦用于某种商品的生产，就失去了另一种商品生产的机会，即选择了一种机会就意味着放弃了另一种机会。使用森林生物多样性的机会成本是把该资源投入某一特定用途后所放弃的在其他用途中所能够获得的最大收益。

在使用机会成本法估算森林生物多样性的机会成本时，可以用森林生物多样性作为其他用途时可能获得的收益来表示。

一般来说，机会成本法估算的森林生物多样性的价值，可以看作是其价值的最低价值。因为机会成本法是基于市场价值的估算方法，尤其是生物多样性的某些价值目前还没有被人们所利用或发现，使用该法是较好的一种方法。

（2）揭示、陈述偏好法

在环境经济评价中，个人评价是一个十分重要的概念。评价中，一般假设人们对环境质量和自然资源保护的偏好对资源的配置有重要影响（联合国，1992）。环境经济评价的基础是人们对环境改善的支付意愿（willingness to pay，WTP），或对环境损失的接受赔偿意愿（willingness to accept，WTA）。因此，许多环境经济评价的方法都是从揭示和陈述人们的偏好开始。

揭示偏好法是通过考察人们与森林生物多样性密切相关的市场中所支付的价格或获得的利益，间接推断人们对森林生物多样性的偏好，并以此来估算森林生物多样性变化的经济价值。目前，揭示偏好法主要包括：内涵资产定价法、防护支出法、重置成本法和旅行费用法（张颖，2005）。

陈述偏好法，主要包括意愿调查法。它主要通过向有关人群（样本）提问，确定森林生物多样性的价值。这种方法对森林生物多样性的非使用价值的评估非常有用，尤其对存在价值的评估十分重要（郭清和，2005）。

（3）综合技术评价法

综合技术评价法是根据最优控制技术和影响森林生物多样性的各种因素建立起来的价格模型。由于这一价格模型在理论上可行，但在实践中尚处于探索之中，实际操作中未能普遍使用。

目前，在实际应用过程中，使用市场估价法的较多，主要是由于该方法易于计算，且比较真实可靠。

5.1.3　保护生物多样性的价值

对于城市森林保护森林生物多样性的价值，我们采用机会成本法进行评价。在此，机会成本包括两部分内容，即因维持生物多样性而丧失的林业开发机会成本，各地为保护城市森林生物多样性的投资。

5.1.3.1　因维持生物多样性而丧失的林业开发机会成本

根据《中国统计年鉴 2009》的统计，截至 2008 年，我国共建立自然保护区 2538 个，其中，国家级自然保护区 303 个，自然保护区面积 14894.3 万 hm^2，其中国家级自然保护区面积 9120.3 万 hm^2，自然保护区面积占国土面积 15.10%（中华人民共和国国家统计局，2009）。在这些保护区中，以森林生态系统为主的自然保护区个数占全国自然保护区总数的 61.64%，面积占保护区面积的 23.32%（赵同谦等，2004）。

2008 年，根据中国林业统计年鉴的统计，全国林业总产值 14406.41 亿元，森林面积 17490.92 万 hm^2（国家林业局，2009）。因此，单位森林面积林业产值为 8236.51 元/ $hm^2 \cdot a$。由此可估算得出，城市森林生态系统因维持生物多样性而丧失的林业开发机会成本如表 5－1。

因此，按城市行政区域土地面积计算，城市森林每年因维持生物多

样性而丧失的林业开发机会成本为 13351.38 亿元/a；按城市建成区面积计算每年因维持生物多样性而丧失的林业开发机会成本为 78.25 亿元/a；按建成区绿化覆盖面积计算，每年因维持生物多样性而丧失的林业开发机会成本为 84.01 亿元/a。

表 5－1　城市森林生态系统保护森林生物多样性机会成本表

序　号	计算范围	城市森林面积（万 hm^2）	保护森林生物多样性的机会成本（亿元）
1	按城市行政区域土地面积计算	16210.00	13351.38
2	按城市建成区面积计算	95.00	78.25
3	按建成区绿化覆盖面积计算	102.00	84.01

5.1.3.2　为保护城市森林生物多样性的投资

近年来，各级政府用于城市环境基础设施建设投资逐年增加。其中，2004～2008 年，用于城市园林绿化投资每年平均增加 15.95%；城市建成区绿化覆盖率也由 2004 年的 31.7%，上升到 2008 年的 37.4%，年均增加 4.22%（中华人民共和国国家统计局，2009）（表 5－2）。因此，如果按建成区绿化覆盖率的比例计算，2004～2008 年用于城市森林生物多样性的投资估算如图 5－1，每年平均投资约为 167.22 亿元。

表 5－2　2004～2008 年城市园林绿化投资与建成区绿化覆盖率

年份	2004	2005	2006	2007	2008
城市园林绿化投资（亿元）	359.5	411.3	429	525.6	649.8
城市建成区绿化覆盖率（%）	31.7	32.6	35.1	37	37.4
估算的城市森林生物多样性投资（亿元）	113.96	134.08	150.58	194.47	243.03

资料来源：中华人民共和国国家统计局，2009：426～427。

因此，汇总上述机会成本，每年城市森林保护多样性的价值估算如表 5－3。

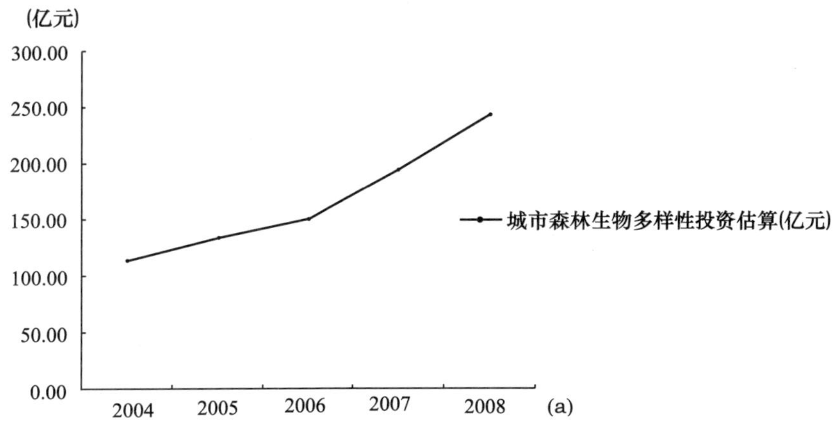

图 5－1　2004～2008 年估算的城市森林生物多样性投资图

表 5－3　城市森林年保护生物多样性价值估算表

序 号	计算范围	城市森林面积（万 hm^2）	每年保护生物多样性价值（亿元/a）
1	按城市行政区域土地面积计算	16210	13518.6
2	按城市建成区面积计算	95	245.47
3	按建成区绿化覆盖面积计算	102	251.23

5.2　固定 CO_2 的价值

在陆地生态系统中，森林生态系统是碳吸收储存最为有效的方法。森林参与大气中的碳循环，主要是植被（林木）、腐殖质（枯枝落叶）、森林土壤以及林产品的储存与释放。森林生物量碳库主要表现为林木或者森林生态系统通过光合作用吸收大气中的 CO_2，并将之转化为有机碳的形式储存在植物体内。植物体内所储存的碳会随着林龄的增长而不断累积，并且吸收碳的能力会降低。合理的森林经营方式可提高林分生产力和森林固碳的能力。森林生态系统固碳的第二种途径主要为腐殖质

（枯枝落叶）与森林土壤固碳。部分植物的枯枝落叶将碳固持到林地表面，一部分直接分解、腐烂、散发而将碳释放到大气中，另一部分则分解为土壤有机质。这部分估计占全部森林固碳的2/3，碳储存量颇为可观。这些储存的碳也会部分分解、腐烂、释放并回到大气中。森林固碳的第三种途径是森林成熟后经过采伐，再经加工成为各种形式的林产品，将林木中固持的碳以林产品的形式保存下来。

5.2.1 林木固碳能力的计算

目前，计算林木固碳能力的方法主要有两种：一是以生物量数据为基础的碳估算方法，即生物量法。该方法是根据单位森林面积生物量，及生物量在树木中的分配比例、树木各器官的平均碳含量等参数来计算；二是以森林蓄积量数据为基础的碳估算方法，即蓄积量法。该方法是利用森林资源清查数据资料，根据主要林木的平均容重计算干材部分的生物量，再根据生物量在各器官的分配比例，计算整个林木的生物量和碳含量。这种方法比较普遍，例如波兰的 Galiski 利用森林蓄积与森林内所有活植物体生物量的关系的变化，发现波兰针叶林的蓄积与森林内所有生物的碳储量的比例系数为 0. 5336，阔叶树是 0. 667。Sampson 对美国森林进行分析得出，美国森林蓄积与森林内全部生物碳储存之比为 0. 53。

我国林业研究人员采用上述两种方法对我国热带林的固碳能力进行了研究。其中，海南省尖峰岭热带林区的研究比较有代表性，他们主要利用生物量法和蓄积量法对热带林的碳储存能力进行了测算，两种方法的计算结果表明：海南省森林的碳储量分别为 7949. 09 万 t 和 7937. 91 万 t（曾庆波，1994）。

5.2.2 林地固碳能力的计算

森林土壤中的有机碳是森林碳储存的一个重要组成部分。森林土壤中的有机碳主要是由森林动植物的残体经微生物的分解转化和化学淋溶而逐步积累的。就全球而言，森林土壤中的有机碳储量大约是森林生物量的2~3倍（李顺龙，2006）。

在实际计算中，往往先计算林木的固碳量，再根据林下植被、林地与林木固碳之间的转换系数，粗略的估算林下植被、林地的固碳量。比较有代表性的方法是李顺龙的研究，具体公式为（张颖，2010）：

森林固碳量=林木固碳量+林下植被固碳量+林地固碳量

=森林蓄积×扩大系数×容积系数×含碳率+林下植物固碳量换算系数×森林蓄积+林地固碳量换算系数×森林蓄积

用字母表示为：

$$\begin{aligned} C_F &= V_F \times \delta \times \rho \times \gamma + \alpha\ (V_F \times \delta \times \rho \times \gamma)\ + \beta\ (V_F \times \delta \times \rho \times \gamma) \\ &= V_F \times 1.9 \times 0.5 \times 0.5 + 0.195\ (V_F \times 1.9 \times 0.5 \times 0.5)\ + 1.244\ (V_F \times 1.9 \times 0.5 \times 0.5) \\ &= 2.439\ (V_F \times 1.9 \times 0.5 \times 0.5) \end{aligned}$$

式中：C_F——森林固碳量，$t/hm^2 \cdot a$；

V_F——森林蓄积量，m^3；

δ——森林蓄积换算成生物量蓄积的系数，也称生物量扩大系数，一般取1.90；

ρ——将森林生物量蓄积转换成生物干重的系数，即容积密度，一般取0.45~0.50，本研究取0.5；

γ——将生物干重转换成固碳量的系数，即含碳率，一般取0.5；

α——林下植物固碳量换算系数，即根据林木生物量计算林下植物（含凋落物）固碳量，一般取0.195；

β——林地固碳量换算系数，即根据森林生物量计算林地固碳量，一般取1.244。

5.2.3　固碳价格的计算

在森林固碳价值计算中，关键是确定森林固定CO_2的价格。对此，国内外的研究争议较大，代表性的观点有5种：

5.2.3.1 人工固定 CO_2 成本法

森林固定 CO_2 的经济价值可以用工艺固定等量 CO_2 的成本来计算，但是建造工厂昂贵，而且也是不现实的。

5.2.3.2 造林成本法

造林成本法的基本思路为：植树造林是为了固定大气中的 CO_2，那么森林固定 CO_2 的经济价值就应该根据造林的费用来计算。同理，对于城市森林固碳影响的经济评价也可以参照造林的费用现值估价。根据《中国生物多样性国情研究报告》的研究成果（中国生物多样性国情研究报告编写组，1997），目前我国平均造林成本为 240.03 元/m^3，折合为每吨碳 260.9 元/t。采用此参数计算的森林固碳价值的公式如下：

固碳价值 = 折合纯碳量（t/a） ×260.9 元/t（C）

5.2.3.3 碳税法

英国、挪威、丹麦等不少国家正在实施削减温室气体排放的税收制度，对 CO_2 的排放征税。目前，比较常用的碳税形式为瑞典的碳税率［150美元/t（C）］，此税率也比较符合我国的国情。因此，根据此税率计算的固碳价值公式为：

固碳价值 = 折合纯碳量（t/a） ×150 美元/t（C）

5.2.3.4 变化的碳税法

测算并计算出把化石燃料，经过征收碳税转化为无碳燃料，即不征收碳税燃料的投资，并把该金额作为碳税的方法。根据这种方法，1990 年英国的 Anderson 测量并计算出每立方米木材固定 CO_2 的经济价值为 43 英镑/m^3（王效科，冯宗炜，2000）。

5.2.3.5 避免损害费用法

CO_2 浓度的不断增加会导致温室效应，温室效应对人体健康和社会经济带来直接或间接的影响与损害，根据所带来的损失大小直接计算森林资源固持 CO_2 所产生的直接效益。

5.2.4　我国城市森林固碳效益的计算

根据计算的我国城市森林的蓄积量，按照李顺龙的计算公式，并按照森林年均4.31%的净生长率和150美元/t（C）的碳税计算（国家林业局资源管理司，2004；魏殿生，2003），我国城市森林年固碳价值如表5－4。

表5－4　城市森林年固碳价值计算表

序号	计算范围	城市森林蓄积（万 m^3）	年生长量（万 m^3）	年固碳量（万 t）	年固碳价值（亿元）
1	按城市行政区域土地面积计算	559407.1	24110.45	27932.55	2853.31
2	按城市建成区面积计算	3278.45	141.30	163.70	16.72
3	按建成区绿化覆盖面积计算	3520.02	151.71	175.76	17.95

注：美元对人民币汇率按2008年平均汇率6.92计算。

因此，我国城市森林年固碳价值按城市行政区域土地面积计算为2853.31亿元；按城市建成区面积计算为16.72亿元；按建成区绿化覆盖面积计算为17.95亿元。

5.3　净化空气价值

由于森林植物和土壤表面都能吸收大气污染物，因此，城市森林具有较高的净化空气能力。城市空气污染主要有3种方式：企业等排放的集中点污染；城市机动车排放的线污染；分散小工业和居民生活用煤排放的面污染。污染产生大量的飘浮颗粒，悬浮于大气中，严重影响人们的生活与健康。近年来，由于现代工业发展及机动车辆的激增，颗粒物与过去相比发生了质的变化。大量飘浮在城市上空的颗粒物不再是以前的尘土，主要是两大类物质：一类是碳类，是由锅炉房中排出来的碳黑，或汽车冒烟排放出来的颗粒物，这种颗粒物的消光性极强；另一类是硫酸盐、硝酸盐和铵盐。SO_2 由锅炉中排放出来，硝酸盐是汽车尾汽

排出来的氮氧化物还原后的物质。这些颗粒经化学反应后生成的二次颗粒物直径达几微米，与波长相仿，对光的散射非常强。有些直径在 1μm 以下的飘浮颗粒可在空中浮悬达半年之久，危害极大。污染已经对大气臭氧层造成严重破坏，引起全球性气候变化，使得许多城市终年不见蓝天，甚至已出现“酸雨”、“黄泥雨”等现象。我国城市环境的恶化已经对人们的生活造成极大的危害。城市森林及绿地产生微风和小风可以加速气流的流动，有利于污染空气的稀释，并能提供新鲜的空气。研究证明，绿地具有很好的脱氮、脱硫功能。每公顷绿地 1 年可以吸收氮氧化物 380kg，脱硫 100kg。目前锅炉脱氮尚无有效的办法，而汽车尾气的脱氮所应用的办法，治理每吨氮氧化物需 1.6 万元；在北京地区脱 1t SO_2 需要 0.3 万元。因此，城市森林和绿地脱氮、脱硫的效益是非常可观的（叶功富，洪志猛，2004）。

城市森林利用树木及其丰富的伴生植物，在根际微生物协同作用下，可以发挥更大的生物修复效能，可对城市污染和退化土壤进行更有效的植物修复，并促进城市土壤资源的生态恢复和可持续利用。因此，城市森林是实现城市与自然共存，提高绿地系统生态服务功能，增强城市生存活力和发展潜力的最有效生态工程。

5.3.1 净化 SO_2

研究表明，森林中阔叶林吸收 SO_2 的能力为 88.65kg/hm^2，针叶林为 215.60kg/hm^2。其中柏类为 411.60kg/hm^2，杉类 117.60kg/hm^2，松类为 117.60kg/hm^2（李金昌，1999；欧阳志云，肖寒，等，1999）。根据第六次森林资源清查资料：我国阔叶林和针叶林的面积分别占总森林面积的 49.8% 和 47.2%，针阔混交林面积占 3% 左右（国家林业局资源管理司，2004）。因此，根据城市森林的面积计算森林吸收 SO_2 的价值如表 5－5。

在计算中，根据 2007 年的统计数据，全国城市工业 SO_2 排放量为 1935.72 万 t，在按城市行政区域土地面积计算的森林每年吸收 SO_2 的能力中，若 30% SO_2 被城市森林吸收，SO_2 投资处理成本为 600 元/t · a

（中国生物多样性国情研究报告编写组，1997），因此，按城市行政区域土地面积计算的城市森林吸收 SO_2 的年价值为43.91亿元；按城市建成区面积计算的城市森林吸收 SO_2 的年价值为0.86亿元；按建成区绿化覆盖面积计算的城市森林吸收 SO_2 的年价值为0.92亿元。

表5-5　城市森林吸收 SO_2 价值计算表

序号	计算范围	城市森林面积（万 hm^2）	每年吸收 SO_2 的能力（万t/a）	每年吸收 SO_2 的价值（亿元/a）
1	按城市行政区域土地面积计算	16210	2439.19	43.91
2	按城市建成区面积计算	95	14.30	0.86
3	按建成区绿化覆盖面积计算	102	15.35	0.92

5.3.2　滞尘

根据有关研究，针叶林年滞尘能力为33.20t/hm^2，阔叶林为10.11t/hm^2（欧阳志云，肖寒，等，1999）。其中，松类滞尘36.0t/hm^2·a，杉木林为30.0t/hm^2·a，栎类为67.5t/hm^2·a。研究也表明绿化良好地区的城镇，其降尘量只有缺乏绿化地区城镇的1/9～1/8（中国生物多样性国情研究报告编写组，1997）。

另外，我国煤炉窑平均的大气污染物——粉尘的排放治理收费标准为0.56元/kg（张颖，2010）。

因此，森林滞尘的价值的计算公式为：

森林滞尘的价值=560×（10.11×阔叶林面积（hm^2）+33.2×针叶林面积（hm^2）。

2007年，我国城市工业烟尘排放量为698.43万t，假设所有的烟尘全部被城市森林阻滞，并根据第六次全国森林资源清查的阔叶林、针叶林和针阔混交林面积的比例，计算的我国城市森林滞尘价值如表5-6。

可以看出，我国城市森林年滞尘能力的最大值为39.11亿元/a。

表 5-6 城市森林滞尘价值计算表

序号	计算范围	城市森林面积（万 hm^2）	每年滞尘的能力（万 t）	每年滞尘的价值（亿元）
1	按城市行政区域土地面积计算	16210	698.43	39.11
2	按城市建成区面积计算	95	698.43	39.11
3	按建成区绿化覆盖面积计算	102	698.43	39.11

汇总城市森林吸收 SO_2 和滞尘的价值，城市森林净化空气的价值如表5-7，图5-2。

表 5-7 城市森林年净化空气价值表

序 号	计算范围	城市森林面积（万 hm^2）	每年净化空气的价值（亿元）
1	按城市行政区域土地面积计算	16210	83.02
2	按城市建成区面积计算	95	39.97
3	按建成区绿化覆盖面积计算	102	40.03

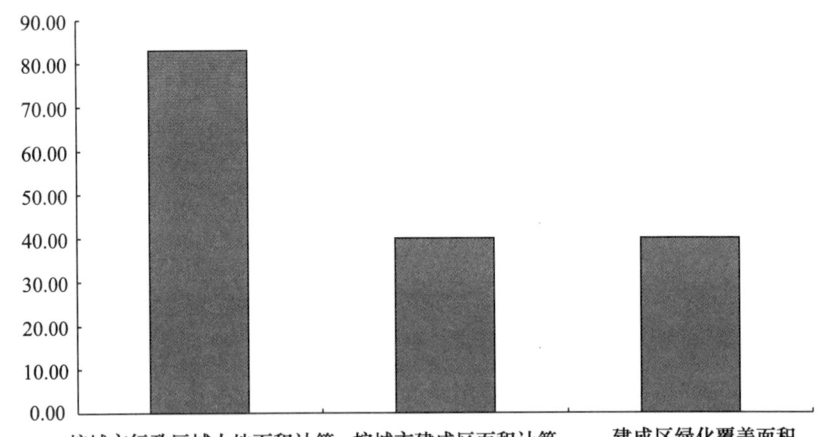

图 5-2 城市森林年净化空气价值图

由表5－7可以看出：按照城市行政区域土地面积计算，城市森林年净化空气价值为83.02亿元；按照城市建成区面积计算，城市森林年净化空气价值为39.97亿元；按照建成区绿化覆盖面积计算，城市森林年净化空气价值为40.03亿元。

5.4　对所在地局部降温的价值

根据美国的研究资料：在城市高温的夏季，沥青和水泥路面周围的温度常常要比农村相同地区的温度高2～8℃。树木遮挡马路、建筑物等，通过土壤水分蒸发、蒸腾作用使周围的空气降温。一个树木遮挡的停车场，要比没有树木遮挡的停车场的温度降低20%～30%（Georgia Forestry Commission，2000）。

美国加利福尼亚州的莫德斯托市（Modesto）的研究表明：全市90000株树，夏季给建筑物遮荫和降温而节省的能源费的价值为87万美元，平均每株树相当于空调每年工作122kWh，节省的费用平均10美元/株（Georgia Forestry Commission，2000）。

根据全国第六次森林资源清查资料，北京市共有“四旁”树1215万株，蓄积2992400m^3，按照国家规定的“四旁”树折算面积的标准，折合林木面积34622.8hm^2（国家林业局森林资源管理司，2004），平均每公顷351株。因此，按照这一标准折算莫德斯托市森林约为256.47hm^2，每公顷每年局部降温价值为3510美元，按照2008年美元兑换人民币平均汇率6.9238和中、美两国居民消费价格指数120.4、125.0计算（中华人民共和国国家统计局，2009），每公顷城市森林每年局部降温的价值约为23403.19元人民币。计算的我国城市森林年均降温价值如表5－8。

因此，按城市行政区域土地面积计算，我国城市年均降温价值为37936.57亿元；按城市建成区面积计算，年降温价值为222.33亿元；按建成区绿化覆盖面积计算，年降温价值为238.71亿元。

表 5-8 城市森林年均降温价值计算表

序　号	计算范围	城市森林面积（万 hm^2）	每年降温的价值（亿元）
1	按城市行政区域土地面积计算	16210	37936.57
2	按城市建成区面积计算	95	222.33
3	按建成区绿化覆盖面积计算	102	238.71

5.5 增加水量、改善水质的价值

城市森林的另一个主要生态服务功能是增加水量，改善地表水质。美国的研究表明：城市森林可以减少道路、停车场、车道和人行道等不透水地面的径流量，并减少相关的污染物。研究表明，如果城市道路、停车场、车道和人行道等不透水地面的覆盖率超过15%，就会大大影响城市水质，减少地表水资源（Georgia Forestry Commission，2000）。但一般城市不透水地面的覆盖率往往要大于这一标准。因此，城市森林在增加城市水量、改善水质中扮演重要角色。

美国加州的莫德斯托市的研究同样表明：全市9万株树，每年减少降雨径流量292000m^3，平均每株每年减少径流845加仑/株，即3.194m^3/株。相当于增加地表水量292000m^3，每株每年增加3.194m^3。折算成价值量为616，000美元，平均每株增加水量，改善地表水质价值为7美元/株·a（Georgia Forestry Commission，2000）。

同样，根据这一标准，测算莫德斯托市城市森林每年每公顷增加水量约为1120.89 m^3/hm^2·a，其价值为2456.47美元/hm^2·a。按照2008年美元平均汇率和中、美两国居民消费价格指数，折合人民币为16382.23元/hm^2·a。因此，计算我国城市森林年均增加水量、改善地表水质价值如表5-9。

表 5－9　城市森林年均增加水量、改善地表水质价值计算表

序　号	计算范围	城市森林面积（万 hm^2）	每年增加水量、改善水质的价值（亿元）
1	按城市行政区域土地面积计算	16210	26555.59
2	按城市建成区面积计算	95	155.63
3	按建成区绿化覆盖面积计算	102	167.10

5.6　对生态环境影响的价值汇总

从上述计算结果可以看出，城市森林在保护生物多样性、固碳、净化空气、降温、增加水量、改善地表水质等方面发挥着重要的作用。我国城市森林上述 5 方面年均生态环境价值影响的汇总如表 5－10。

表 5－10　城市森林对生态环境影响的年平均价值汇总表

序　号	计算范围	城市森林面积（万 hm^2）	每年生态环境影响的价值	
			项目	价值（亿元）
1	按城市行政区域土地面积计算	16210	保护生物多样性	13518.6
			固碳	2853.31
			净化空气	83.02
			局部降温	37936.57
			增加水量、改善水质	26555.59
			合计	80947.09
2	按城市建成区面积计算	95	保护生物多样性	245.47
			固碳	16.72
			净化空气	39.97
			局部降温	222.33
			增加水量、改善水质	155.63
			合计	680.12

（续）

序　号	计算范围	城市森林面积（万 hm^2）	每年生态环境影响的价值	
			项目	价值（亿元）
3	按建成区绿化覆盖面积计算	102	保护生物多样性	251.23
			固碳	17.95
			净化空气	40.03
			局部降温	238.71
			增加水量、改善水质	167.1
			合计	715.02

因此，从汇总结果可以看出：①按城市行政区域土地面积计算，我国城市森林对生态环境影响的年平均价值为80947.09亿元；②按城市建成区面积计算，城市森林对生态环境影响的年平均价值为680.12亿元；③按建成区绿化覆盖面积计算，城市森林对生态环境影响的年平均

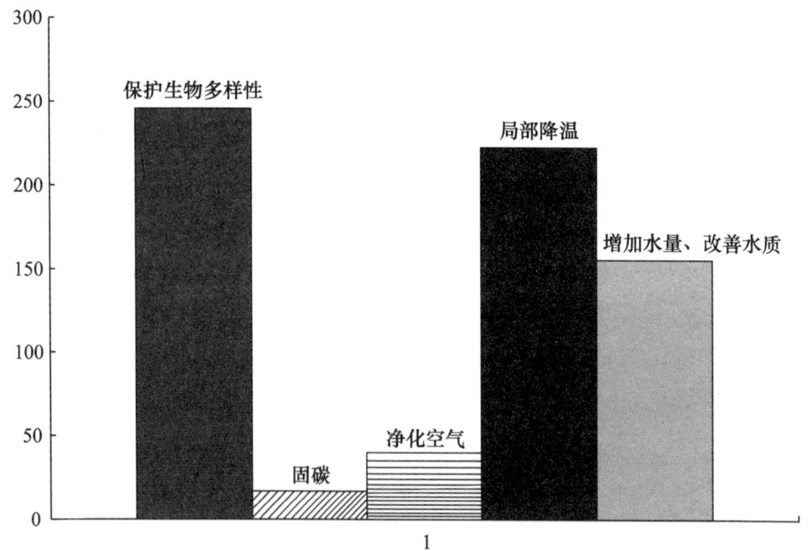

图5-3　按城市建成区面积计算的城市森林生态环境影响价值图

价值为715.02亿元。在生态环境影响中，保护生物多样性的价值最大，局部降温价值次之，增加水量、改善水质价值第三，净化空气价值第四，固碳最小。这和美国的有关研究结果是一致的（Georgia Forestry Commission，2000）。以按城市建成区面积计算的生态环境影响为例：保护生物多样性的价值占36%；局部降温价值占33%；增加水量、改善水质价值占23%；净化空气、固碳价值分别占总价值的6%和2%（图5－3、图5－4）。

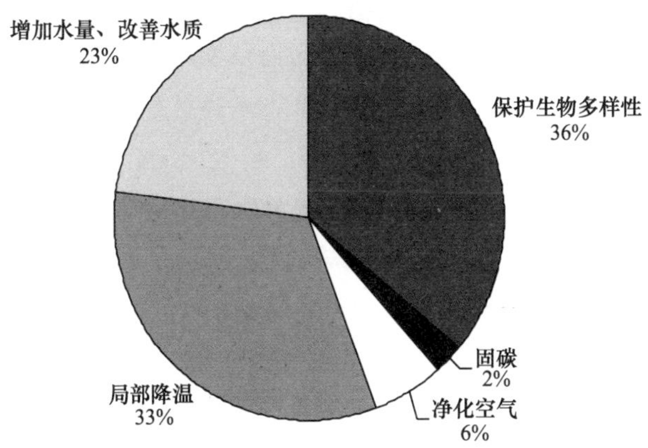

图5－4　按城市建成区面积计算的城市森林生态环境影响价值所占百分比

第6章 城市森林对社会环境的影响

城市森林对社会环境的影响主要包括提供就业机会、森林游憩、森林科学、文化、历史价值和增加所在地商业销售额的价值等。研究表明，我国城市森林每年提供就业机会的价值为1.57亿元/a，森林游憩价值为153.47亿元/a，森林科学、文化、历史价值为0.56亿元/a，增加所在地商业销售额的价值为20.71亿元/a。其中，森林游憩价值最大，森林科学、文化、历史价值最小。

森林对社会环境也有重要的影响作用，如森林对就业机会的影响，对游憩的影响，对科学、文化、历史发展的影响和对犯罪率以及居住环境的影响等。研究城市森林对社会环境的影响，对加强城市森林管理，提高城市森林在城市发展中的地位、作用的认识，促进城市森林可持续发展等有重要的作用和意义。

城市森林对社会环境影响的研究的主要困难在于对影响的概念和内容的难于界定上。目前，国内外比较认同的影响内容主要有森林对提供就业机会的影响，森林对游憩和对科学、文化、历史发展的影响等（张颖，2007）。

6.1 城市森林对就业机会的影响

城市森林对提供就业机会的影响，即城市森林对吸纳的劳动力数量多少的影响。劳动力是一定时期内社会所拥有的具有劳动能力的劳动适龄人口的总体。劳动力具有一定的年龄界限。我国规定男子是16～60

周岁，女子是 16～55 周岁，在此年龄界限内的人口即为劳动年龄人口（李金华，2000）。

根据《世界森林状况》统计：在森林所提供的就业机会中，森林就业方面的准确统计数字很难得到，现已记载的全世界在林业系统就业的人员大约有 1500 万人，占了全世界就业人数的 7.5%。林业直接或间接地提供给全世界 4500 万个专职工作岗位，准确地说是由于森林的存在而创造就业机会。由于存在着增值效应，增值系数为 2.2～4.2，即每一份林业工作在其他经济领域产生了两份额外工作。因此，真正与林业有关的就业人数可能是该数量的好几倍（联合国粮农组织，1997）。

美国用投入产出法对森林创造的就业机会的估算后认为：1978 年与 1981 年相比，种植业所需活劳动工时，由 24.49 亿个减至 24.42 亿个，减少 0.3%，平均每年递减 0.095%。但是，全国平均每个工时创造的农业纯收入则由 1978 年的 6.5 美元增至 1981 年的 7.4 美元，4 年期间增长 13.9%，平均每年递增 4.4%。

我国也对森林的总用工量进行了预测。1987 年森林的实际用工量为 54.95 亿工日；2000 年为 40.66 亿工日；2020 年将为 35.10 亿工日。即随着社会经济、科技的发展和机械化程度的提高，森林所需总用工量在减少。

因此，城市森林对提供就业机会大小的影响目前还没有统一的方法评价。但价值大小影响常用的评价方法主要是投入产出法和人力资本法（张颖，2007）。

6.1.1　影响就业机会的评价方法

6.1.1.1　投入产出表中对森林提供就业机会的价值估算

投入产出法是 20 世纪 30 年代美国经济学家瓦西里·列昂节夫首创的（刘再兴，1996）。在投入产出表中，“投入”是指任何部门在产品生产过程中所消耗的原材料、辅助材料、燃料、动力和固定资产（厂房、设备等）的折旧及劳动力等。“产出”是指各个部门生产的产品用于生产消费、生活消费、积累和出口等去向。投入产出表是把国民经济

各个部门的投入来源和产出去向排列成一张表，用于集中反映国民经济各个部门的技术经济联系。在价值型投入产出表中，用互相垂直的黑线把整个表格分成左上、右上、左下、右下四个部分，分别叫做第I、第II、第III、第IV象限。

第I象限反映各部门之间相互提供劳动对象供生产过程消耗的情况。第II象限反映各部门的年总产品中，可供社会最终消费或使用的产品。第III象限反映最终产值即国民生产总值的价值形成过程，具体包括固定资产折旧和新创造的价值两部分。第IV象限主要反映国民收入的再分配情况。森林提供的就业机会的价值主要在第III象限反映，用公式表示为：

$$\sum_{i=1}^{n} Y_i = \sum_{j=1}^{n}(R_j + V_j + M_j)$$

式中：Y_i——各部门的最终产品；

R_i——固定资产折旧；

V_j——劳动报酬；

M_j——社会纯收入；

i，j——分别代表投入产出表中横行、纵列的部门。

其中，森林直接或间接的提供的就业机会的价值为直接或间接从事与森林有关的劳动的劳动报酬的价值。

6.1.1.2 人力资本评价法对森林提供就业机会的价值估算

人力资本评价法是建立在这样一个假设之上，即一个活着的劳动力的价值等于其生产过程中所创造的价值，而且这种生产力可以准确地用劳动所得来衡量。一般用税前收入来计量收入。这种方法是兰德菲尔德和塞斯金（Landefeld and Seskin）创造的，并且广泛用来评估控制空气污染带来的收益（A·迈里克·弗里曼，2002）。

人力资本评价法对森林提供的就业机会的价值的评估，实际上对人的社会价值下了一个很窄的定义，即个人的社会价值等于个人的市场产出。它忽略了个人健康的价值以及热爱他人所产生的社会幸福的价值等。它的计算公式为：

$$个人价值 = \sum_{i=1}^{T-t} \frac{\pi_{t+i} \cdot E_{t+i}}{(1+r)^i}$$

式中：π_{t+i}—— 为一个人从 t 年龄活到 t + i 年龄的概率；

E_{t+i}—— 为一个人在 t + i 年龄时的预期收入；

r——为贴现率；

t——为从劳动生产线上退休的年龄。

用人力资本评价法评估森林提供就业机会的价值时，正如 A · 迈里克 · 弗里曼指出的那样：第一，是否应该扣除还是应该包括所计算的个人消耗？第二，如何考虑那些非市场性生产的作用？第三，使用什么样的贴现率来计算现值？这些问题还没有找到合适的解决方法。

6.1.2　我国城市森林提供就业机会价值的评价

我国城市森林提供就业机会的价值基本采用人力资本法来评估，即根据城市森林提供的就业人数和所支付的工资总额，以及进行人力资本培训的花费，粗略的估算城市森林提供就业机会的价值。在此，不考虑劳动者的个人消费，也没有计算离退休人员人数和工资总额，并且也不计算所提供就业的劳动者的存量价值，仅仅计算了所提供就业的劳动者每年的流量价值。

根据 2008 年《中国林业统计年鉴》的统计资料：2003 ~ 2008 年北京、天津、上海、重庆 4 个城市林业从业人员人数及平均工资等统计见表 6 – 1。

表 6 – 1　2003 ~ 2008 年北京、天津、上海、重庆 4 个城市林业从业人员人数及平均工资等统计表

序号	城市	年份	林业在册职工人数（人）	林业从业人员年末人数（人）	在岗职工年平均工资（元）	林业教育投资（万元）
1	北京	2003	5076	4721	21331	
	天津		1090	1090	12339	
	上海		956	829	20374	5
	重庆		8890	8724	9295	
	合计		16012	15364	63339	5

（续）

序号	城市	年份	林业在册职工人数（人）	林业从业人员年末人数（人）	在岗职工年平均工资（元）	林业教育投资（万元）
2	北京	2004	5129	4854	27249	
	天津		1090	1132	12413	
	上海		795	776	24869	6
	重庆		8740	8515	10189	6
	合计		15754	15277	74720	12
3	北京	2005	5271	5063	29495	32
	天津		1140	1190	17170	
	上海		1005	992	25826	
	重庆		8910	8741	11141	8
	合计		16326	15986	83632	40
4	北京	2006	25544	25562	33861	10
	天津		1141	1191	23234	
	上海		974	963	33976	
	重庆		8573	8439	11841	
	合计		36232	36155	102912	10
5	北京	2007	29132	29489	36482	9
	天津		1141	1191	23333	
	上海		1374	1559	45448	
	重庆		8277	8109	15686	2
	合计		39924	40348	120949	11
6	北京	2008	25300	25586	44310	525
	天津		1141	1186	25113	
	上海		1120	1240	68286	131
	重庆		8739	8534	17897	
	合计		36300	36546	155606	656

资料来源：国家林业局，2009。

因此，按照4城市的上述统计数据计算的2003～2008年林业从业人员年末平均人数及年平均工资等如表6－2。

表6－2　2003～2008年北京、天津、上海、重庆4城市林业从业人员平均人数及平均工资等计算表

年份	2003	2004	2005	2006	2007	2008
林业在册职工年均人数（人）	4003	3938.5	4081.5	9058	9981	9075
林业从业人员年末平均人数（人）	3841	3819.25	3996.5	9038.75	10087	9136.5
在岗职工年平均工资（元）	15834.75	18680	20908	25728	30237.25	38901.5
林业教育年平均投资（万元）	1.25	3	10	2.5	2.75	164

根据全国第六次森林资源统计资料：北京市森林面积为37.88万hm^2，天津9.35万hm^2，上海、重庆分别为1.89万hm^2和183.18万hm^2。因此，求得2003～2008年4城市平均单位面积林业从业人员和单位面积林业教育年投资如表6－3。

表6－3　2003～2008年单位面积林业从业人员和林业教育年投资计算表

年份	2003	2004	2005	2006	2007	2008
单位面积森林林业从业人员（人/hm^2）	16.54	16.45	17.21	38.93	43.44	39.35
单位面积森林年均工资额（元/hm^2）	26.18	30.71	35.97	100.11	131.30	153.00
单位面积森林林业教育年投资（元/hm^2）	0.01	0.01	0.04	0.01	0.01	0.71

因此，按照北京、天津、上海、重庆4城市平均单位面积森林林业从业人员和单位面积森林年均工资额及单位面积森林林业教育年投资

额，计算的全国城市森林每年提供就业机会的价值如表6－4。

表6－4 全国城市森林提供林业就业机会价值计算表

序号	计算范围	城市森林面积（万 hm^2）	每年提供就业机会价值（亿元）	每年林业教育投资（亿元）	合计
1	按城市行政区域土地面积计算	16210	248.01	1.15	249.16
2	按城市建成区面积计算	95	1.45	0.01	1.46
3	按建成区绿化覆盖面积计算	102	1.56	0.01	1.57

由表6－4的计算结果可以看出：按城市行政区域土地面积计算，我国城市森林每年提供林业就业机会的价值为249.16亿元/a；按城市建成区面积计算，城市森林每年提供林业就业机会的价值为1.46亿元/a；按建成区绿化覆盖面积计算，每年提供林业就业机会的价值为1.57亿元/a。

6.2 城市森林游憩价值

对森林游憩的研究主要是旅游学研究的内容。因此，对森林游憩价值的评估也从旅游学的研究开始。国外对旅游学的研究较早，并在20世纪60年代就成立了各种旅游研究机构和组织。我国的森林旅游研究较晚，并从80年代开始起步，研究主要从森林旅游规划开始，而国外的研究大多从经营角度进行。目前，随着研究的发展，国内外的研究内容已扩展到旅游生态学上，主要内容包括：旅游造成的生态破坏分析；旅游景观格局对旅游者行为和心理的影响；旅游生态负荷；旅游生态区划和规划以及从生态学角度扩展的旅游管理等等（张颖，2007）。

6.2.1 森林游憩价值的评价方法

对森林游憩价值评价的方法很多，主要采用定量与定性相结合的方法。这些方法主要包括：直接成本法、费用支出法、机会成本法、旅行费用法、条件价值法（CVM）等，尤其是条件价值法和旅行费用法使用较为普遍（张颖，2007）。

6.2.1.1　条件价值法

条件价值法主要是根据现代西方经济学的边际价值论原理创造的评估方法。其原理是商品的经济价值是由其边际效用确定的。在使用条件价值法的评估中，值得注意的是，效用价值论和边际价值论往往把价值的大小归结于消费者购买商品的支付意愿，这实际上是一种主观价值，它与劳动价值论中劳动决定价值的观点是相对立的（胡明形，2002）。

在西方环境经济中，支付意愿不仅是条件价值法评估森林游憩价值的核心，也是各种环境效益评估的关键。并且已被美、英等西方国家的法规和标准规定为多种环境效益评估的标准指标，并用来评估多种环境效益的经济价值。

在该方法中，涉及到支付意愿（*WTP*），净支付意愿（*NWTP*）。净支付意愿也被称为消费者剩余。由于环境商品如清洁的空气、纯洁的水和美丽的景观等都没有市场价格或者市场价格为零，此时的净支付意愿也就等于支付意愿，因此，它也常被用来表达环境商品的经济价值，特别是游憩商品的价值。净支付意愿是商品价格为 *P* 时的支付意愿减去商品价格 *P* 的差值。用公式表示为：

净支付意愿（*NWTP*）＝支付意愿值（*WTP*）－实际支付值（*P*）

当商品价格为零时，实际支付值为零，商品的净支付意愿也就是支付意愿。这种情况适合于免收费的游憩区的价值评估。

从消费者的角度看，支付意愿是“人们行为价值表达的自动指示器”；如果从出售者的角度看，人们自愿接受的补偿意愿（简称 WTA），也应该是“人们行为价值表达的自动指示器”。因此，商品、效用和服务的价值也可用下列公式表示：

任何商品的价值＝人们对该商品的补偿意愿

WTP 和 *WTA* 都是“人们行为价值表达的指示器”，因此，*WTP* 和 *WTA* 都可用来表达资源的环境价值，其具体方法如下：

资源的环境效益测定：①用 *WTP*，即人们获得环境效益的 *WTP*；②用 *WTA*，即人们放弃环境效益的 *WTA*。

资源的环境损失测定：①用 WTP，即人们防止环境损失的 *WTP*；②用 *WTA*，即人们容忍环境损失的 *WTA*。

从理论上看，资源的同一环境效益既可用 *WTP* 测定也可用 *WTA* 测定，并且二者应该相等。实际上，国外的研究表明：*WTA* 无一例外的大于 *WTP*，并且 *WTA* 约是 *WTP* 的 1～10 倍。心理学家认为：这种效益和损失评估中的不对称现象产生的主要原因是 *WTP* 属于"购买结构"，而 *WTA* 属于"补偿结构"。与"购买结构"相比，人们常常更注重"补偿结构"。值得一提的是：可能是由于 *WTP* 和 *WTA* 之间存在着差异，资源的环境价值评估中一般采用 *WTP*，而 *WTA* 只用于一些比较研究。

WTP 是建立在消费者行为的理论基础之上，应用模拟市场技术，直接向个人询问他们对环境变化的支付意愿（或接受补偿意愿）。可以假设某人拥有一个效用函数：$U=U$（a_1，a_2，$\cdots a_n$；Q_1，$Q_2\cdots Q_n$；X），这里 a_1，$a_2\cdots a_n$ 代表活动水平，Q_1，Q_2，$\cdots Q_n$，代表环境质量水平，X 则代表物品的集合。环境质量水平 Q 的改善意味着使消费者从起始效用水平 U_0 到更高的效用水平 U_1，其价值的评估就是对于效用从低到高的支付意愿（*WTP*）或对于环境质量并未改善的接受补偿意愿（*WTA*）的评估。对于二者的评估，是在一系列的假设前提下，即假设某种公共商品存在市场并且可以交换，通过询问、调查、问卷、投标等方式获得消费者对公共商品的 *WTP* 或 *WTA*，即可获得森林游憩的价值。

一般来说，在 *WTP* 和 *WTA* 同收入的比率很小的情况下，他们之间的差异很小。在实际中，WTA 比 WTP 的估价高出许多，常在 2～5 之间。在对 *CVM* 的批评中最重要的一条是，由于人们并非被要求实际地支付或接受真正的钱财，所以他们所回答的钱数会与真正发生的金钱支出的情况相差甚远。CVM 法很大程度地依赖于问题如何提出，对问题涉及的环境要素的理解或对相关信息的充分掌握，人们对实施或保护的目的了解，同时还有人们如何认识自己的回答对调查结果的影响等因素。另外，CVM 法还受文化背景的影响。所有这些原因都导致了对支付意愿的偏见。现在国外许多价值评估的文献都致力于确定人们的各种偏见：即战略偏见，这同低估公共商品的价值有关；设计偏见，它同支付意愿的问卷调查所设计的问题有关；手段偏见，它同假设支付的手段相关。现实存在的问题使一些经济学家认为 CVM 法尚未充分利用，而另一些经济学家则认为人们对 CVM 法缺乏信任感，决策者对它不熟悉。

尽管存在着上述问题，但 CVM 法仍是在对没有市场价格的环境服务的评价较为成功的方法。所存在的偏差可以通过细致的准备工作来缩小，例如通过重复报价法反复改变应付或应得的钱的数量，一直到准确找出被访问者愿意付出的最高数量，或愿意接受的最低数量。它的最大优点是可以评估各种价值。用效用论的观点来看，总价值可分为使用价值和内在价值，在现有的方法中只有 CVM 法不仅可以评估使用价值，而且可以评估内在价值。因此，1979 年和 1983 年该方法两次被美国水资源委员会推荐给联邦政府有关机构作为游憩资源价值评估的标准方法（包括 TCM 法）。并且，在 1986 年，美国内务部也确认 CVM 法作为自然资源损耗评价的优选方法。

6.2.1.2　旅行费用法

旅行费用法是西方国家最流行的游憩价值评估方法，它以“游憩商品”的消费者剩余作为游憩区的经济价值。消费者剩余是西方经济学中的一个基础概念，它有着广泛的经济学背景，其理论依据来源于福利经济学和环境经济学效用价值理论和消费者剩余理论。

商品可以在市场交换。因此，可以根据其市场价格资料来确定消费者剩余（*CS*）和支付意愿（*WTP*）。但是，经济学家认为，商品的替代性可影响该商品消费者剩余的大小，即有替代性的商品其稀缺性降低，不仅导致 *WTP* 下降，而且也导致 *CS* 下降。因此，当一个游憩区附近有类似的游憩区时，求得的消费者剩余将严重低于该游憩区本身的经济价值。表 6－5 是根据某商品的市场价格和出售数量资料求得的 *CS* 和 *WTP*。

由表 6－5 可以看出，当该商品的总消费者剩余为 28 美元时（价格为 0 时的 WTP），除以商品件数就可以得出每件商品的消费者剩余为 3.5 美元。当商品价格为 5 美元时，其购买量为 3，比价格为 6 美元时

的购买量 2 增加了一个。因此，消费者此时的实际支出为 5 ×3 =15 美元，购买增量与价格的积为 1 ×5 =5 美元，其积累加得出 WTP 为 18 美元，WTP 减去实际支付值 15 美元得出此时的总消费者剩余为 3 美元，再除以购买数量 3 件，得出每件商品在价格为 5 美元时的消费者剩余为 1. 0 美元。

表 6 –5　根据商品市场价格资料来求消费者剩余和支付意愿表

商品价格（美元）	消费者购买量	购买增量×价格（美元）	购买增量×价格（美元）	支付意愿（WTP）（美元）	总 CS（美元）	CS/件（美元）
8	0	0	0	0	0	0
7	1	7	7	7	0	0
6	2	12	6	13	1	0. 5
5	3	15	5	18	3	1. 0
4	4	16	4	22	6	1. 5
3	5	15	3	25	10	2. 0
2	6	12	2	27	15	2. 5
1	7	7	1	28	21	3. 0
0	8	0	0	28	28	3. 5
合计	36	84	28	168	84	14

资料来源：胡明形，2002。

在计算中，也可根据商品价格（y）和购买量（x）资料求出该商品的需求曲线 $y=f(x)$，再用定积分求出商品价格为 P 时的 WTP，即 $WTP=\int f(x)\,dx$，q 是商品价格为 P 时的购买量。

消费者剩余可表述为：

（1）从定义看，消费者剩余是消费者购买商品愿意支付的资金与实际支出资金的差。它从本质上反映了消费者购买商品的“心理收益”。

（2）环境商品的价格很低，甚至为零。由计算公式（消费者剩余=支付意愿一实际支出）可知，当商品的价格接近零时，消费者的实际支出也接近零，消费者剩余约等于支付意愿，而支付意愿是“一切商品价值表达的唯一合理指标”。因而，此时的消费者剩余也可表示商品的经济价值。

（3）环境商品消费者剩余的本质超出了“心理收益”范围。对于受政府补助的商品来说，其价格一般按没有包括补助金的成本来确定，价格小于总成本，因此这类商品消费者剩余的本质超出了“心理收益”的范围，包括了部分政府补助金在内，并可能代表了“实际收益”。“环境商品”一般由政府补助或出资“生产”，私人免费或廉价“消费”，因此，“环境商品”的消费者剩余超出了“心理收益”的范围。

（4）消费者剩余是衡量西方国家发放福利的重要指标。西方国家积累了大量的财富，并大量投入“环境商品”建设。如建国家公园、参观中心、游憩区和保护区，为公众提供免费或廉价服务，因此，环境商品的消费者剩余超出了“心理收益”范围，并代表了消费者的部分“实际收益”，可用来表示环境商品的经济价值。

总之，旅行费用法把旅游者的花费作为市场替代品，它是把千人游园率作为包含旅行费用、旅行花费时间、替代性游览场所和平均收入等因素作为旅行费用的函数。这个函数的一般表达形式为：

$$V_i = f(C_i,\ T_i,\ A_i,\ S_i,\ Y_i)$$

式中：V_i——不收入园费时的千人游园率；

C_i——地带 i 和公园之间的往返旅行费用；

T_i——往返（包括游园）的全部时间；

A_i——偏好；

S_i——可供地带 i 居民游览的替代性场所；

Y_i——地带 i 居民的人均收入；

i——环绕公园的地带。

如果有入园费，则在函数内把 C_i 项变为 C_{i+x}，通过变动 x 就可以知道地带 i 居民的千人游园率，任何与特定入园费 x 有关的 V_i，代表一定地带游园的需求曲线的一个点，因此游园率是入园费的函数，即 $V_i=$

g (x)。如果再乘以地带 i 的人口数，需求曲线就可以确定了。需求曲线之下的面积代表消费者剩余的总值。可以通过贴现率 d，把收益转化为现值，即 $PV = W/d$。

6.2.2 我国城市森林游憩价值评价

对我国城市森林游憩价值的评价，采用回归的方法进行。

首先，收集2003～2008年北京、天津、上海、重庆4城市森林游憩（林业旅游与休闲服务）产值、森林公园旅游收入、森林旅游人次和森林公园面积的数据如表6－6。

其次，假设森林游憩产值为森林游憩价值 y，并且为因变量；森林公园面积为自变量 S，利用SPSS进行回归分析，具体回归方程如下。

表6－6　2003～2008年北京、天津、上海、重庆4城市森林游憩（林业旅游与休闲服务）产值、森林公园旅游收入、森林旅游人次和森林公园面积统计表

年份	2003	2004	2005	2006	2007	2008
森林游憩产值（万元）	46879	65662	92462	184815	207654	388749
其中：森林公园收入（万元）	16649.95	44929.32	64114.09	65411.78	91014	95771
森林公园旅游人次（万人次）	356.83	684.44	1252.57	2094.57	2072	2631
森林公园面积（万 hm^2）	18.99	21.12	24.15	24.59	24.07	18.99

由回归结果可以看出：森林游憩价值（y）与森林公园面积（S）的回归方程为生长曲线（Growth）。回归模型的拟合优度 R^2 = 0.8159（表6－7），拟合效果较好。

表6－7　森林游憩价值（y）与森林公园面积（S）回归方程总结

R	R^2	调整后 R^2	估计的标准误差
0.903	0.816	0.770	0.382

同样，由表6－8的方差分析表可以看出，回归方程的F值为

17.733，Sig. =0.014，小于0.05的显著性水平，具有统计学意义，说明回归方程成立。

表6-8　森林游憩价值（y）与森林公园面积（S）回归方程方差分析表

	平方和	自由度	平均平方	F值	Sig.
回归	2.581	1	2.581	17.733	0.014
残差	0.582	4	0.146		
合计	3.163	5			

注：自变量为森林公园面积。

回归方程系数如表6-9、图6-1。最后，求得森林游憩价值（y）与森林公园面积（S）的回归方程为：

$$y = e^{5.245 + 0.281/S}$$

式中：y——为森林游憩价值，万元；

S——为森林公园面积，万 hm^2。

表6-9　森林游憩价值（y）与森林公园面积（S）回归方程系数表

	未标准化回归方程系数		标准化后回归方程系数		
	B	Std. Error	Beta	t	Sig.
森林公园面积	0.281	0.067	0.903	4.211	0.014
(Constant)	5.245	1.554		3.376	0.028

最后，根据上述回归方程，代入我国城市森林面积的数据，粗略地估算我国城市森林游憩价值如表6-10。

表6-10　我国城市森林游憩价值估算表

序　号	计算范围	城市森林面积（万 hm^2）	森林游憩价值（亿元/a）
1	按城市行政区域土地面积计算	16210	689.64
2	按城市建成区面积计算	95	142.94
3	按建成区绿化覆盖面积计算	102	153.47

注：按城市行政区域土地面积计算的森林游憩价值已超过了2008年我国林业旅游与休闲服务价值689.64亿元的统计值，因此，把该值作为2008年城市森林游憩价值的上限。

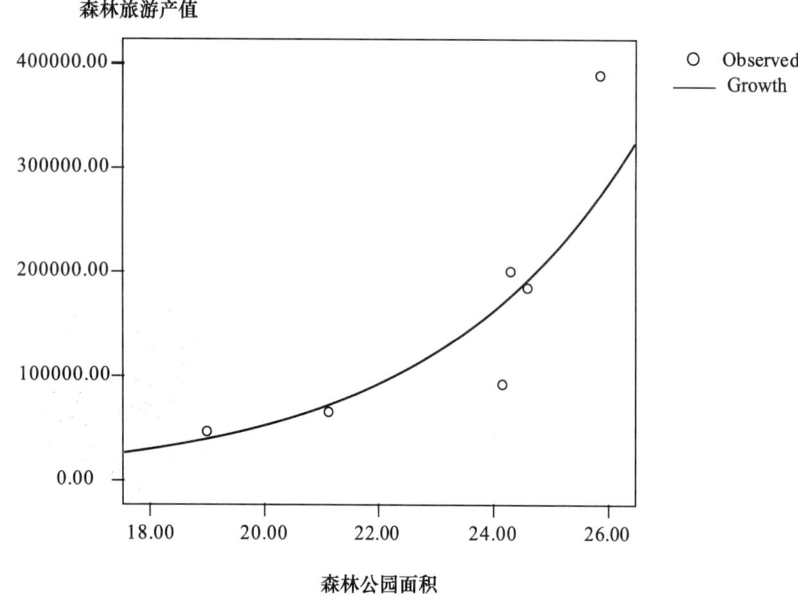

图 6－1　森林游憩价值（y）与森林公园面积（S）回归曲线

因此，按城市行政区域土地面积计算，我国城市森林每年森林游憩价值为 689.64 亿元/a；按城市建成区面积计算，城市森林每年游憩的价值为 142.94 亿元/a；按建成区绿化覆盖面积计算，每年森林游憩价值为 153.47 亿元/a。

6.3　城市森林的科学、文化、历史价值

森林对社会环境影响的一个重要内容是森林还具有重要的科学、文化、历史价值（张颖，2007）。

可持续的社会发展，不但包括社会成员物质生活水平的提高，也包括精神文化生活水平的提高。物质生活通常体现为收入、消费、卫生健康、社会保障、居住条件等，而精神文化生活则更多的表现为闲暇时间从事文体娱乐、社交、旅游、公益等自己所喜爱的活动（李金华，2000）。森林的科学、文化、历史价值更多地体现为社会成员的物质、

精神生活水平的提高提供丰富多彩的源泉。

6.3.1　科学、文化、历史价值评价方法

森林的科学、文化、历史价值，可以用两种方式进行评估：一是社会对森林的科学、文化、历史价值的支付意愿；二是森林的科学、文化、历史价值利用后产生的效益（国家环境保护局，1998）。

6.3.1.1　科学、文化、历史价值的支付意愿

对森林的科学、文化、历史价值的支付意愿也主要采用条件价值法评估。评估的原理、步骤可参考条件价值法的有关内容。

在实际评价中，常常采用对森林的科学、文化、历史价值的保护费用近似的替代支付意愿（国家环境保护局，1998）。例如，2008 年，我国林业教育投资 1926 万元，林业科技及重点实验室投资 2917 万元，林业调查规划设计 6634 万元，野生动植物及自然保护区 14663 万元（国家林业局，2009）。这些费用部分反映了政府对森林的科学、文化、历史价值保护的支付意愿。

6.3.1.2　科学、文化、历史价值的利用价值

森林的科学、文化、历史价值的利用价值主要是指对森林的科学、文化、历史价值的经营利用而带来的直接经济收益。如开展森林生态旅游、进行科学研究、组织参观等活动获得的各种门票收入、参观费等。

森林科学、文化、历史价值的利用价值的评估，一般采用对相关产业直接统计的方法进行测算。例如，2008 年，我国林业专业技术服务产值 371158 万元，林业旅游与休闲服务 6896400 万元（国家林业局，2009）。这些都是森林的科学、文化、历史价值被利用后的产出。

6.3.2　城市森林科学、文化、历史价值的评价

根据上述评价方法，收集 2003 ~ 2008 年北京、天津、上海、重庆 4 城市森林的科学、文化、历史价值的投资、产出数据，对我国城市森林的有关价值进行评价。数据收集中，森林的科学、文化、历史价值的投

资包括野生动植物保护及自然保护区投资、林业调查规划设计、林业教育和林业科技及重点实验室投资；产出的数据包括林业专业技术服务、林业科技推广与中介服务等。另外，在评价中，由于森林游憩价值已被单独评价，为避免重复，在计算产出价值时，仅统计林业专业技术服务价值。

表 6～11　2003～2008 年北京、天津、上海、重庆 4 城市森林的科学、文化、历史价值投资、产出的有关数据

年份	2003	2004	2005	2006	2007	2008
森林科学、文化、历史的保护投资（万元）	2197	2465	191	7303	3771	358
森林科学、文化、历史价值的利用产出（万元）	12324	11879	9116	7120	9389	9892
合计（万元）	14521	14344	9307	14423	13160	10250

资料来源：国家林业局，2009。

因此，2003～2008 年，北京、天津、上海、重庆 4 城市森林的科学、文化、历史价值保护的投资平均每年 2714.17 万元，科学、文化、历史价值的利用产出平均每年 9953.33 万元，二者合计平均每年 12667.50 万元。根据全国第六次森林资源清查资料，北京、天津、上海、重庆的森林面积分别为 37.88、9.35、1.89 和 183.18 万 hm^2（国家林业局森林资源管理司，2004），进一步求得 4 城市森林的科学、文化、历史价值平均每公顷每年为 54.53 元，进而求得全国城市森林的科学、文化、历史价值如表 6－12。

表 6－12　全国城市森林的科学、文化、历史价值估算表

序　号	计算范围	城市森林面积（万 hm^2）	森林科学文化历史价值（亿元/a）
1	按城市行政区域土地面积计算	16210	88.39
2	按城市建成区面积计算	95	0.52
3	按建成区绿化覆盖面积计算	102	0.56

从表6－12的计算结果可以看出：按城市行政区域土地面积计算，全国城市森林的科学、文化、历史价值平均每年88.39亿元；按城市建成区面积计算，城市森林的科学、文化、历史价值平均每年0.52亿元；按建成区绿化覆盖面积计算，城市森林的科学、文化、历史价值平均每年0.56亿元。

6.4　增加所在地商业销售额的价值

根据美国的研究，城市森林能够对所在地商业销售额产生直接的、积极的影响（Georgia Forestry Commission，2000）。调查表明，如果商店或购物中心位于街道树木和其他植物绿化较好的区域，购物者愿意支付高达10% 的某些商品和服务的价值（Georgia Forestry Commission，2000）。按照国家森林城市评价标准，城市森林覆盖率南方城市要求达到35%以上，北方城市要求达到25%以上（国家林业局，2007）。这一标准无疑对促进城市商业销售额会产生一定的影响。

按照美国的调查，并按照城市森林覆盖率25%的标准保守的估计，2007年，根据《中国城市统计年鉴2008》的统计，全国城市社会消费零售总额为89295.25亿元，其中市辖区社会消费零售总额为56385.08亿元（国家统计局城市社会经济调查司，2009）。计算的2007年购物者愿意支付的城市森林的服务价值为8929.52亿元，其中市辖区的支付意愿为5638.51亿元。2007年，我国人均GDP为8863美元，美国为45218美元。因此，我国的经济发展水平相当于美国的0.196。进一步对支付意愿进行调整得到增加所在地商业销售额的价值为1750.24亿元，其中市辖区的价值为1105.18亿元。同时，2007年，我国居民消费价格指数为113.7，美国为120.4。在全国655个城市中，能够达到影响商业销售额的森林覆盖率的城市约占全国城市的1.98%左右（国家统计局城市社会经济调查司，2009）。因此，按2007年我国的社会经济发展水平计算，我国城市森林对所在地商业销售额产生影响的价值约为32.80亿元/a，其中市辖区的影响价值为20.71亿元。这一价值也反映了城市森林对所在地商业销售额的影响大小。

我国城市森林对社会环境影响的价值汇总如表6－13。

表6－13　我国城市森林对社会环境影响的价值汇总表

序　号	计算范围	城市森林面积（万 hm^2）	每年社会环境影响的价值	
			项目	价值（亿元）
1	按城市行政区域土地面积计算	16210	提供就业价值	249.16
			森林游憩	689.64
			科学、文化、历史价值	88.39
			增加所在地商业销售额	32.8
			合计	1059.99
2	按城市建成区面积计算	95	提供就业价值	1.46
			森林游憩	142.94
			科学、文化、历史价值	0.52
			增加所在地商业销售额	20.71
			合计	165.63
3	按建成区绿化覆盖面积计算	102	提供就业价值	1.57
			森林游憩	153.47
			科学、文化、历史价值	0.56
			增加所在地商业销售额	20.71
			合计	176.31

总之，按城市行政区域土地面积计算，城市森林对社会环境影响的价值平均每年1059.99亿元；按城市建成区面积计算，城市森林对社会环境影响的价值平均每年165.63亿元；按建成区绿化覆盖面积计算，城市森林对社会环境影响的价值平均每年176.31亿元。

第7章 城市森林对居民发展的影响

城市森林对居民发展有重要影响。计算表明：1998～2007年，我国城市森林与城市GDP的增长弹性系数为0.43～0.60；1998～2008年我国城市建成区绿化覆盖率和城镇居民恩格尔系数的弹性系数为－1.27～－1.94。另外，城市森林面积与城市工业烟尘排放量的相关系数为－0.68，与工业废水排放达标率的相关系数为0.49，尤其是建成区绿化覆盖率与工业废水排放达标率的相关系数为0.802，说明城市森林面积与城市环境改善有一定关系。计算还表明，2003～2008年，我国城市森林的科技水平是不断提高的，年均提高6.02%，也进一步说明了我国城市森林对城市科技水平的提高发挥了一定的作用。

城市森林对居民发展有重要的影响。人来之于森林，生长于森林，即使现代社会，也深深打上森林对人类发展影响的烙印。城市森林对居民发展的影响主要包括对城市居民生活水平的影响、对居民成长的影响以及居民本身发展和科技水平进步的影响等。

7.1 城市森林与GDP

城市森林对居民发展的影响首先表现在对城市经济发展的影响。根据美国的研究：城市森林主要是通过两种方式影响经济的发展：①通过森林本身的功能的发挥，如通过森林降温、减少降雨径流量等非传统工程的方法来降低经济活动的成本；②通过改善城市社区居民的生活质量，提升社区价值等影响经济的发展（Georgia Forestry Commission.，

2000)。城市森林能够使城市经济发展保持永久的活力。

1998～2007 年我国城市森林面积与城市 GDP 的数据如表 7－1。

表 7－1　1998～2007 年我国城市森林面积、城市 GDP 统计表

序号	年份	城市森林面积（hm^2）	建成区绿化覆盖率（%）	GDP（亿元）	
				市辖区	全市
1	1998		29.3	75936.41	36649.19
2	1999		29.2	81767.74	40058.12
3	2000		29.4	94092.91	47362.01
4	2001		30.1	103925.86	55056.98
5	2002		30.44	116830.20	64292.41
6	2003	712990	32.52	135943.10	76151.61
7	2004	772932	32.28	163350.67	91695.40
8	2005	849208	35	193988.91	113144.45
9	2006	918681	35.09	244889.55	162617.20
10	2007	1019992	36.97	271329.14	0

注：城市森林面积为建成区绿化覆盖面积。

资料来源：国家统计局，2008。

利用 SPSS 对表 7－1 的数据进行相关分析，具体计算结果如表7－2。

表 7－2　城市森林面积与城市 GDP 相关分析表

		城市森林面积	建成区绿化覆盖率	GDP（市辖区）	GDP（全市）
城市森林面积	Pearson Correlatic	1	0.971**	0.613	0.967*
	Sig.（2－tailed）		0.001	0.196	0.033
	N	6	6	6	4
建成区绿化覆盖率	Pearson Correlatic	0.971**	1	0.896**	0.941**
	Sig.（2－tailed）	0.001		0.000	0.000
	N	6	11	11	9
GDP（市辖区）	Pearson Correlatic	0.613	0.896**	1	0.995**
	Sig.（2－tailed）	0.196	0.000		0.000
	N	6	11	11	9
GDP（全市）	Pearson Correlatic	0.967*	0.941**	0.995**	1
	Sig.（2－tailed）	0.033	0.000	0.000	
	N	4	9	9	9

注：** 相关系数是在 0.01 的显著性水平（2－tailed）。

* 相关系数是在 0.05 的显著性水平（2－tailed）。

因此，由表7-2的计算结果可以看出：城市森林面积与GDP（全市）的相关系数为0.976，且双尾t检验值Sig.（2-tailed）为0.033，小于0.05，表明城市森林面积与GDP（全市）的相关系数不为0，且有统计学意义。同样，建成区绿化覆盖率与城市市辖区的GDP（市辖区）和全市GDP（全市）均有很高的相关性，相关系数分别为0.896和0.941，且t检验值Sig.均为0.000，均小于0.05的显著性水平。表明建成区绿化覆盖率与城市GDP均高度相关，且有统计学意义。表明我国城市森林与城市GDP呈正相关关系（图7-1），也反映出城市森林在城市GDP增长中发挥着重要的作用。进一步采用需求弹性法计算，即：

城市森林GDP弹性系数＝城市森林面积的相对变动/城市GDP的相对变动

用公式表示为：

$$FE = (\triangle F/F) / (\triangle E/E) = \triangle F/\triangle E \cdot E/F$$

式中：FE——城市森林GDP弹性系数；

F——城市森林面积，hm^2；

E——城市GDP，亿元；

$\triangle F$——城市森林面积变化量，hm^2；

$\triangle E$——城市GDP的变化量。

求得1998~2007年城市森林与城市GDP的增长弹性系数为0.43~0.60，说明我国城市森林面积每增长1%，城市GDP约增加0.43%~0.6%。反映出城市森林对城市GDP的贡献是比较大的。

7.2　城市森林与恩格尔系数

我们知道，恩格尔系数是指食品支出金额在生活消费支出金额中所占的比例（国家统计局，2008）。计算公式为：

$$恩格尔系数 = \frac{食品支出金额}{生活消费总支出金额} \times 100\%$$

一般用恩格尔系数反映生活水平的高低。恩格尔系数越低，生活越富裕，反之，恩格尔系数越高，生活越贫困，它是反映贫困与富裕程度

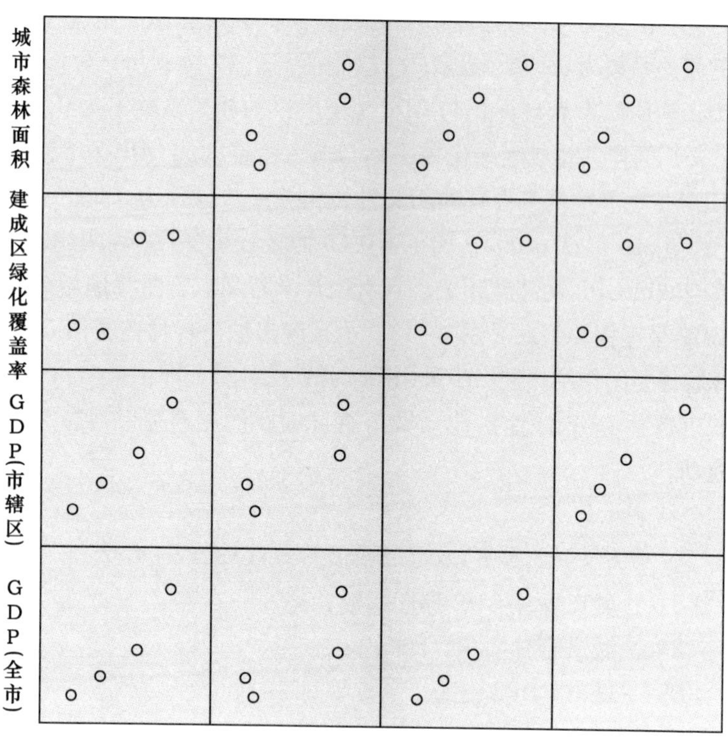

图7－1　城市森林与城市GDP相关关系图

的重要指标。联合国粮农组织规定，恩格尔系数在59%以上者为绝对贫困，50%～59%为勉强度日，40%～50%为小康水平，30%～40%为富裕，30%以下为最富裕（国家统计局，2008）。根据国家统计局的统计资料，2007年，我国城镇居民恩格尔系数为36.3%，生活为富裕水平（国家统计局，2008）。

城市森林也与城市居民恩格尔系数有一定的关系。主要表现为，随着城市经济的发展，个人在住房、医疗、卫生、交通等方面的消费支出不断增加，而在食品等方面的消费支出会下降。同时，在公园游憩等方面的消费也会增加，这也间接地促进了城市森林游憩和城市森林的发展。根据统计，1998～2008年，我国城市建成区绿化覆盖率年均增长

2.38%，城镇居民恩格尔系数年均下降 1.49%（表 7－3，图 7－2），也反映了城市森林对城镇居民恩格尔系数下降有一定影响，即对城市居民生活水平的提高有一定的影响（表 7－4）。

表 7－3　1998～2008 年我国城市森林面积、城镇居民恩格尔系数统计表

序号	年份	城市森林面积（hm^2）	建成区绿化覆盖率（%）	城镇居民恩格尔系数（%）
1	1998		29.3	44.7
2	1999		29.2	42.1
3	2000		29.4	39.4
4	2001		30.1	38.2
5	2002		30.44	37.7
6	2003	712990	32.52	37.1
7	2004	772932	32.28	37.7
8	2005	849208	35	36.7
9	2006	918681	35.09	35.8
10	2007	1019992	36.97	36.3
11	2008	1113535	37.94	37.89

注：城市森林面积为建成区绿化覆盖面积。

资料来源：国家统计局，2008。

由表 7－4 的计算结果可以看出：城市森林面积与城镇居民恩格尔系数有一定的关系，尤其是建成区绿化覆盖率与城镇居民恩格尔系数关系较大，相关系数为－0.660，显著性水平为 0.027，小于 0.05，说明城市森林对居民生活水平有一定的影响。同样，采用弹性系数法，求得 1998～2008 年我国城市建成区绿化覆盖率和城镇居民恩格尔系数的弹性系数为－1.27～－1.94，表明建成区绿化覆盖率每增长 1%，居民恩格尔系数降低 1.27%～1.94%，即表明建成区绿化覆盖率对城市居民生活水平的提高有一定的影响。

表 7－4　城市森林面积与城镇居民恩格尔系数相关分析表

		城市森林面积	建成区绿化覆盖率	恩格尔系数
城市森林面积	Pearson Correlation	1	0.971**	－0.016
	Sig. (2－tailed)		0.001	0.976
	N	6	6	6
建成区绿化覆盖率	Pearson Correlation	0.971**	1	－0.660*
	Sig. (2－tailed)	0.001		0.027
	N	6	11	11
恩格尔系数	Pearson Correlation	－0.016	－0.660*	1
	Sig. (2－tailed)	0.976	0.027	
	N	6	11	11

注：** 相关系数在 0.01 显著性水平下（2－tailed）。

* 相关系数在 0.05 显著性水平下（2－tailed）。

7.3　城市森林与居民生活环境

城市森林对城市居民生活环境的影响主要表现在对城市水环境、大气环境、固体废物和噪声的影响上。对城市水环境的影响主要表现在城市森林能够减少氨氮排放量，提高水质和废水排放达标率。对大气环境的影响主要表现在城市森林能够减小 SO_2、烟尘、工业粉尘等排放量；对固体废物和噪声的影响也主要表现在城市森林能够增加固体废物综合利用率和减少城市噪声。

7.3.1　城市森林与环境的相关分析

收集 2000～2008 年我国城市森林面积、城市水环境、大气环境、固体废物和噪声的有关数据，进行城市森林面积与环境的相关分析，具体数据如表 7－5。在数据收集中，由于缺乏专门针对我国城市的工业粉尘排放量、固体废物综合利用率、建成区噪声达标面积的完整统计数据，分析中去掉了这些指标，仅利用工业废水排放达标率（%）、SO_2

排放量（万 t）和烟尘排放量（万 t）这三项城市环境指标进行有关分析。

表 7－5　2000～2008 年城市森林面积与城市环境相关分析数据

序号	年份	城市森林面积（hm^2）	建成区绿化覆盖率（%）	城市环境		
				工业废水排放达标率（%）	SO_2 排放量（万 t）	烟尘排放量（万 t）
1	2000		29.4	81.8	718.51	
2	2001		30.1	80.36	732.88	
3	2002		30.44	86.0		
4	2003	712990	32.52	89.2	1531.71	768.84
5	2004	772932	32.28	90.70	1741.63	821.25
6	2005	849208	35	91.2	1981.49	883.61
7	2006	918681	35.09	90.7	1959.78	812.24
8	2007	1019992	36.97	90.7	1936.00	698.00
9	2008	1113535	37.94	90.7	1991.4	670.7

首先，计算 2000～2008 年城市森林面积、建成区绿化覆盖率与城市环境各项指标的相关系数如表 7－6。

表 7－6　城市森林面积、建成区绿化覆盖率与城市环境的相关系数表

		城市森林面积	建成区绿化覆盖率	工业废水排放达标率	SO_2 排放量	烟尘排放量
城市森林面积	Pearson Correlation	1	0.971＊＊	0.491	0.786	－0.678
	Sig.（2－tailed）		0.001	0.323	0.064	0.139
	N	6	6	6	6	6
建成区绿化覆盖率	Pearson Correlation	0.971＊＊	1	0.802＊＊	0.890＊＊	－0.617

（续）

		城市森林面积	建成区绿化覆盖率	工业废水排放达标率	SO_2 排放量	烟尘排放量
	Sig. （2 - tailed）	0.001		0.009	0.003	0.192
	N	6	9	9	8	6
工业废水排放达标率	Pearson Correlation	0.491	0.802 * *	1	0.979 * *	0.235
	Sig. （2 - tailed）	0.323	0.009		0.000	0.654
	N	6	9	9	8	6
SO_2 排放量	Pearson Correlation	0.786	0.890 * *	0.979 * *	1	-0.082
	Sig. （2 - tailed）	0.064	0.003	0		0.877
	N	6	8	8	8	8
烟尘排放量	Pearson Correlation	-0.678	-0.617	0.235	-0.082	1
	Sig. （2 - tailed）	0.139	0.192	0.654	0.877	
	N	6	6	6	6	6

注：* * Correlation is significant at the 0.01 level （2 - tailed）。

由表7 -6 的计算结果可以看出：城市森林面积与工业废水排放达标率的相关系数为0.49；与 SO_2 排放量的相关系数为0.79；与烟尘排放量的相关系数为 -0.68。建成区绿化覆盖率与工业废水排放达标率的相关系数为 0.802，与 SO_2 排放量、烟尘排放量的相关系数分别为 0.89、-0.617。显著性水平 Sig. （2 - tailed） 也分别为 0.009、0.003 和0.192。因此，城市森林面积、建成区绿化覆盖率与工业废水排放达标率和 SO_2 排放量为正相关，与烟尘排放量为负相关。这和实际有一定的出入，还需进一步进行分析。

7.3.2 城市森林与环境的因子分析

针对上述情况，对表7 -6 的数据进行因子分析。具体计算结果见表7 -7 至表7 -13，图7 -2 至图7 -4。

表 7-7　单变量描述统计量

	Mean	Std. Deviation	Analysis N
城市森林面积	897889.67	151007.53557	6
建成区绿化覆盖率	34.9667	2.28363	6
工业废水排放达标率	90.5333	0.68313	6
SO_2 排放量	1857.0017	184.11392	6
烟尘排放量	775.7733	80.20456	6

表 7-8　原始变量的相关矩阵

		城市森林面积	建成区绿化覆盖率	工业废水排放达标率	SO_2 排放量	烟尘排放量
Correlation	城市森林面积	1.000	0.971	0.491	0.786	-0.678
	建成区绿化覆盖率	0.971	1.000	0.473	0.799	-0.617
	工业废水排放达标率	0.491	0.473	1.000	0.875	0.235
	SO_2 排放量	0.786	0.799	0.875	1.000	0.082
	烟尘排放量	-0.678	-0.617	0.235	-0.082	1.000
Sig. (1-tailed)	城市森林面积		0.001	0.162	0.032	0.069
	建成区绿化覆盖率	0.001		0.172	0.028	0.096
	工业废水排放达标率	0.162	0.172		0.011	0.327
	SO_2 排放量	0.032	0.028	0.011		0.438
	烟尘排放量	0.069	0.096	0.327	0.438	

表 7-9　旋转前的因子（主成分）提取结果

	Component	
	1	2
城市森林面积	0.970	-0.235
建成区绿化覆盖率	0.962	-0.204
SO_2 排放量	0.907	0.405
烟尘排放量	-0.490	0.855
工业废水排放达标率	0.675	0.704

Extraction Method: Principal Component Analysis.

表 7-10　旋转后的因子提取结果

	Component	
	1	2
工业废水排放达标率	0.973	-0.068
SO_2 排放量	0.944	0.309
烟尘排放量	0.212	-0.963
城市森林面积	0.561	0.825
建成区绿化覆盖率	0.575	0.797

Extraction Method：Principal Component Analysis.

Rotation Method：Varimax with Kaiser Normalization.

表 7-11　因子旋转的转换矩阵

Component	1	2
1	0.741	0.672
2	0.672	-0.741

Extraction Method：Principal Component Analysis.

Rotation Method：Varimax with Kaiser Normalization. .

表 7-12　有关因子得分的信息

	Component	
	1	2
城市森林面积	0.106	0.309
建成区绿化覆盖率	0.118	0.293
工业废水排放达标率	0.466	-0.216
SO_2 排放量	0.382	-0.021
烟尘排放量	0.279	-0.523

Extraction Method：Principal Component Analysis.

Rotation Method：Varimax with Kaiser Normalization.

Component Scores.

表7－13　估计回归因子分数的协方差矩阵

Component	1	2
1	1.000	0
2	0	1.000

Extraction Method：Principal Component Analysis.

Rotation Method：Varimax with Kaiser Normalization.

Component Scores.

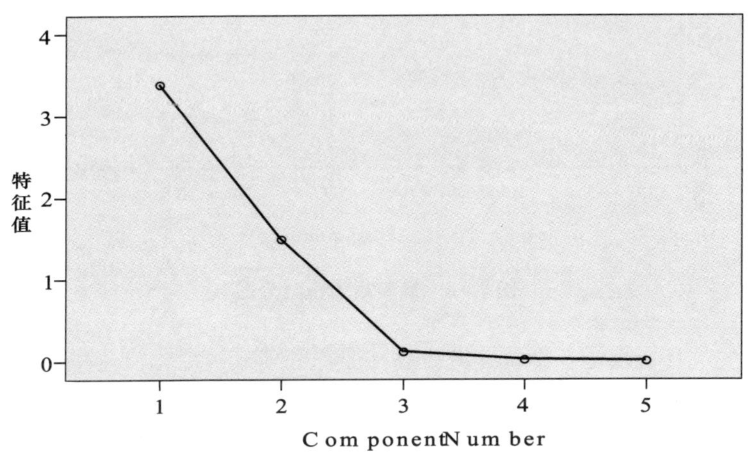

图7－2　各成分特征值的碎石图

由计算结果中的图7－2可以看出：因子1与因子2，以及因子2与因子3之间的特征值之差比较大。而因子3、4、5之间的特征值差均比较小。可以判定，保留两个因子将能概括绝大部分信息，且3为明显的拐点。因此，提取2个因子比较合适。

由表7－10可以看出，经过旋转后的负荷系数已向两极分化了。第一主成分Component1中，工业废水排放达标率、SO_2排放量、建成区绿化覆盖率有较大的负荷系数；第二因子中，烟尘排放量、城市森林面积、建成区绿化覆盖率有较大的负荷系数。因此，排除SO_2排放量这个特殊变量，第一因子可以粗略地概括为城市水环境因子；第二个因子为

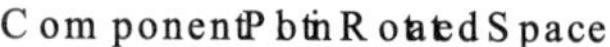

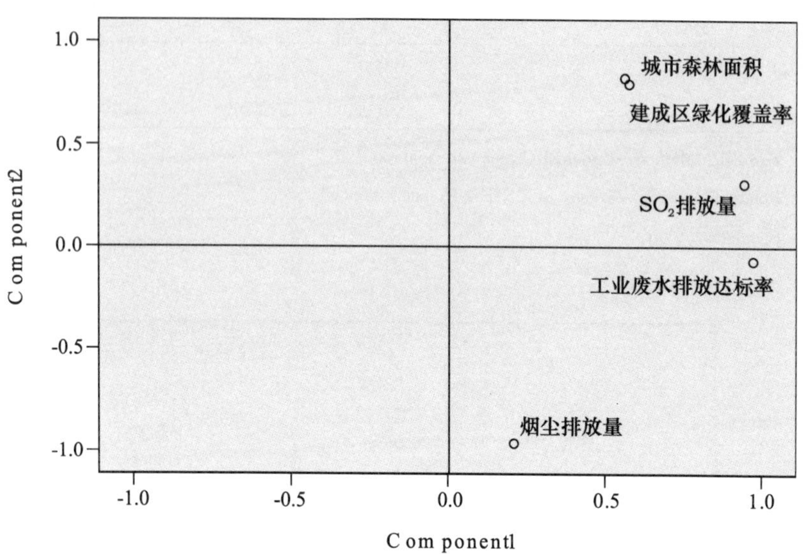

图 7－3 旋转后的主成分图

城市大气环境因子。即我国城市森林面积和建成区绿化覆盖率与城市水环境、城市大气环境关系十分密切，并对它们有重要的影响。根据旋转后因子提取情况，各变量与因子关系式可表示为：

$$\begin{cases} \text{工业废水排放达标率} \approx 0.037f_1 - 0.068f_2 \\ SO_2\ \text{排放量} \approx 0.944f_1 + 0.309f_2 \\ \text{烟尘排放量} \approx 0.21f_1 - 0.963f_2 \\ \text{城市森林面积} \approx 0.561f_1 + 0.825f_2 \\ \text{建成区绿化覆盖率} \approx 0.575f_1 + 0.797f_2 \end{cases}$$

旋转后的因子表达式可写成：

$$\begin{cases} \text{factor1} = 0.973 \times \text{工业废水排放达标率} + 0.944 \times SO_2\ \text{排放量} \\ \qquad + 0.212 \times \text{烟尘排放量} + 0.561 \times \text{城市森林面积} + 0.575 \\ \qquad \times \text{建成区绿化覆盖率} \\ \text{factor1} = -0.068 \times \text{工业废水排放达标率} + 0.309 \times SO_2\ \text{排放量} \\ \qquad - 0.963 \times \text{烟尘排放量} + 0.825 \times \text{城市森林面积} + 0.797 \\ \qquad \times \text{建成区绿化覆盖率} \end{cases}$$

7.3.3　城市森林与城市环境关系的聚类分析

为了进一步反映城市森林面积与城市环境的关系，利用上述因子得分进行聚类分析，具体结果见表7－14、表7－15、图7－4、图7－5。

表7－14　聚类的聚集过程表

Stage	Cluster Combined		Coefficients	Stage Cluster First Appears		Next Stage
	Cluster1	Cluster2		Cluster1	Cluster2	
1	8	9	0.256	0	0	4
2	5	7	0.926	0	0	3
3	5	6	1.257	2	0	4
4	5	8	4.207	3	1	5
5	4	5	6.212	0	4	0

表7－15　聚类结果表

Case	4 Clusters	3 Clusters	2 Clusters
4	1	1	1
5	2	2	2
6	3	2	2
7	2	2	2
8	4	3	2
9	4	3	3

	9		8		6		7		5		4
2	×	×	×	×	×	×	×	×	×		×
3	×	×	×		×	×	×	×	×		×
4	×	×	×		×		×	×	×		×

图7－4　聚类冰柱图

*****HIERARCHICALCLUSTER ANALYSIS*****

Dendrogram using Average Linkage (Between Groups)

Rescaled Distance Cluster Combine

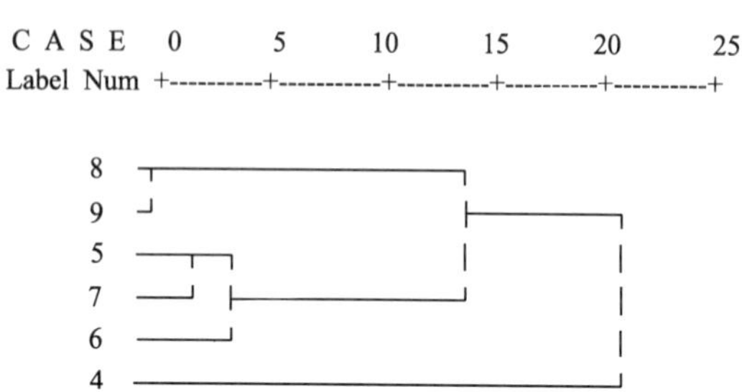

图 7－5 聚类树形图

表 7－14 反映了整个聚类过程。表 7－15 为聚类结果。由聚类结果可以看出：如果聚类数为 2，序号 4，即 2003 年为一类，其他年份为另一类；如果聚类数为 3，序号 8、9 为第一类，序号 5、6、7 为第二类，序号 4 为第三类，即 2007、2008 年为一类，2004、2005、2006 年为另一类，2003 年为第三类。也反映了 2003～2008 年，我国城市森林面积与城市环境的关系经历了三个发展阶段。即 2003 年的初级发展阶段；2004～2006 年的中级发展阶段和 2007～2008 年的高级发展阶段。也进一步反映了我国城市森林面积与城市环境的关系的发展变化是十分迅速的，变化是很快的。

图 7－4 和图 7－5 反映了相同的聚类结果。也说明了 2003～2008 年我国城市森林面积与城市环境的关系大体可分 2～3 个发展阶段。这些阶段反映出城市森林对城市环境影响的变化是非常迅速的。

7.4 城市森林对科技水平的影响

城市森林对科技水平的影响主要体现在城市森林对林业经营管理水平、劳动力素质提高、引进先进技术等的影响上。城市森林发展对科技水平的提高有一定的影响。发展城市森林需要投入森林培育、经营、利用、保护的设备，并需要一定专业知识的劳动者和相应的土地、资本等，这些都和森林经营管理水平、劳动力素质提高、先进技术、设备的应用等联系在一起的，也就是和林业科技水平的提高联系在一起的。美国的研究表明，城市森林对劳动者卫生健康的影响是十分突出的。美国平均每年由于户外空气污染引起的健康花费约 400 ~ 500 亿美元，每年估计 50000 ~ 120000 未成年人死于空气污染。空气污染是哮喘病的主要风险因素。全美每年由于空气污染而使哮喘病患者无法自由活动的天数达 1 亿天，死亡人数约 4000 人，花费 40 亿美元左右。城市森林能够吸收 CO_2、阻滞降尘，也由此而减小了哮喘病的发病风险，提高了劳动者的身体素质（Georgia Forestry Commission.，2000）。因此，城市森林对科技水平的提高有一定影响。

一般来说，科技水平的提高，即科技进步的影响可用索洛增长方程来计算。也可采用科布—道格拉斯生产函数进行计量。生产函数的计算公式为：

$$Y = A_t L^{\alpha} K^{\beta} \mu$$

式中：Y——工业产值，亿元；

A_t——随时间 t 变化的科技水平；

L——劳动力人数，万人；

K——资本投入（一般为固定资产净值），亿元；

α、β——劳动力、资本的边际产出弹性系数；

μ——随机干扰项。

一般情况下，$\mu \leq 1$，α 和 β 的组合有三种类型：

（1）$\alpha + \beta > 1$，称为报酬递增型。表明随着技术进步而扩大生产规模，增加产出是有利的。

（2）$\alpha + \beta < 1$，称为报酬递减型。表明随着技术进步而扩大生产规模，增加产出是不利的。

（3）$\alpha + \beta = 1$，称为报酬不变型。表明生产效率并不会随着生产规模的扩大而提高，只有提高技术水平，才会提高经济效益。在我国的实践中，一般 α 取 0.2 ~ 0.3，β 取 0.7 ~ 0.8。

收集2003~2008年我国城市森林林业产值、劳动力人数、资本投入的数据如表7－16。

表7－16 2003~2008年我国城市森林林业产值、劳动力人数、资本投入统计表

序号	年份	城市森林林业产值（亿元）	劳动力人数（万人）	资本投入（亿元）
1	2003	1277.87	2042.75	321.9
2	2004	1535.5	2214.36	359.5
3	2005	1867.09	2432.96	411.3
4	2006	2167.15	2632.08	429.01
5	2007	2655.77	2922.30	525.56
6	2008	3006.7	3195.97	594.08

注：（1）城市森林林业产值为第4章表4－3估算的林业产值；
（2）劳动力人数包括直接、间接就业人数，是根据第6章表6－3的有关数据估算得到；
（3）资本投入为城市园林绿化投资。

根据上述公式，计算的2003~2008年我国城市森林的科技水平如表7－17、图7－6。计算中，根据我国的实际，α 取0.3，β 取0.7。

表7－17 2003~2008年我国城市森林科技水平计算表

年份	2003	2004	2005	2006	2007	2008
科技水平	2.28	2.48	2.66	2.93	3.02	3.06

因此，由计算结果可以看出：2003~2008年，我国城市森林的科技水平是不断提高的，由2003年的2.28，上升到2008年的3.06，年均上升6.02%。同期，2003年，城市森林的林业产值估算值为1277.87亿元，2008年约为3006.7亿元，年均上升18.66%。也进一步说明了我国城市森林对城市科技水平的提高产生了一定的影响。

总之，城市森林不仅对城市居民的生活水平有影响，也对居民的成长有影响，还对城市居民发展和科技水平的进步有一定的影响。

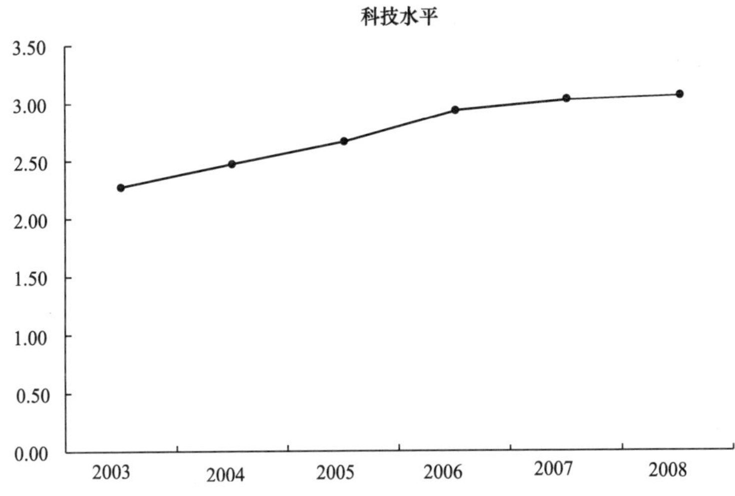

图7－6　2003～2008年我国城市森林科技水平变化图

第8章 城市森林生态风险损失评价及其管理

城市森林发展受到火灾、病虫鼠害、城市征占用地和乱砍滥伐等风险因素的影响。研究表明：按建成区绿化覆盖面积计算，我国城市森林火灾风险年均损失0.07亿元；病虫鼠害年均风险损失为0.27亿元；城市征占用地和乱砍滥伐等价值年均损失为12.27亿元左右。在生态风险损失中，城市征占用地和乱砍滥伐等人为干扰胁迫损失占风险损失的绝大部分，说明加强城市森林风险管理，尤其是加强森林人为干扰胁迫的管理迫在眉睫！

风险是指一种可能性，主要指不利事件或不希望事件发生的可能性。风险是相对安全而言的。因此，风险是与一些有害情况、与对人群、对生态系统、对财产、对社会的威胁相联系。

城市森林与人的关系非常密切，是居民生活环境中不可或缺的部分，与其他地域的森林相比，城市森林受人为因素的影响更大。城市森林除了可能受病虫害、火灾、风害等自然灾害影响外，还要承受城市特有的高温、辐射、污染、尾气等不良环境的影响。因此，为了更好地完善城市生态系统，发展城市森林，提高城市森林的风险管理水平，开展城市森林生态风险识别和评价，对减小城市森林的发展所面临的风险和阻力，改善城市投资环境、提高城市亲和力、增强城市竞争力有重要的作用。

城市森林的风险可分为两大类：一类是森林火灾、生物灾害、气象灾害和地质灾害等自然灾害；另一类是包括干扰和危害森林系统的人为活动，如森林的过度采伐、林业用地内工程建设、林地占用等人为干扰胁迫。

本章主要通过对我国城市森林的火灾、病虫鼠害等生物灾害及人为干扰的生态风险损失进行评价，以促进城市森林的健康发展。

8.1　城市森林火灾的风险损失

森林火灾是城市森林面临的最主要的自然风险，森林防火越来越受到世界各国林业部门的重视；我国是森林火灾发生严重的国家之一。森林火灾是我国城市森林的首要风险源。根据统计资料，1950 年到 2000 年全国共发生森林火灾 67.6 万次，平均每年发生森林火灾 1.35 万次，平均受害森林面积 82.2 万 hm^2，大约占世界每年火灾次数的 14%，年均森林火灾受害面积为世界的 20%（肖风劲等，2004）。以北京市为例，森林火灾的发生 1998 ~2001 年大幅度上升。近年来，随着对森林防火的重视，投资力度加大，防火设备不断完善，北京市森林火灾防护能力有了很大的提高，火灾发生的频次成波动状，火灾受灾面积也呈逐年减少的趋势（图 8 -1）。

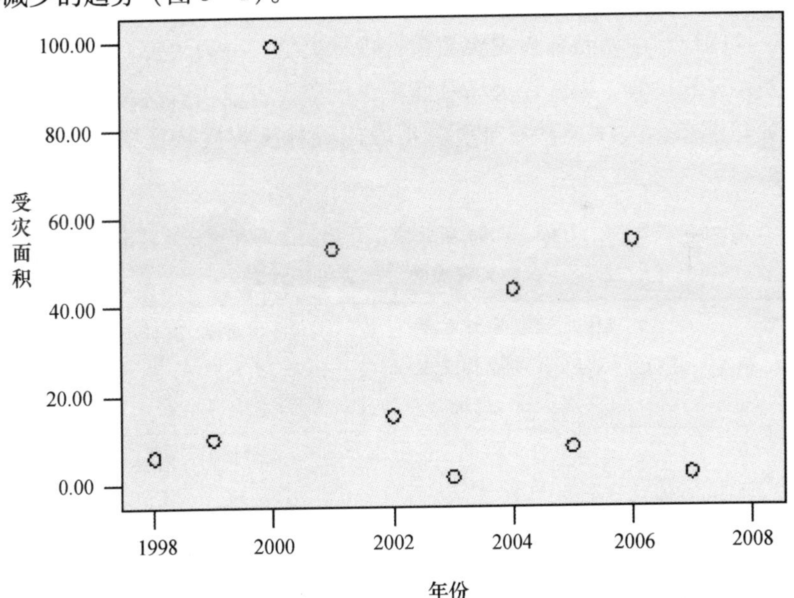

图 8 -1　1990 ~2007 年北京市森林火灾受害面积（hm^2）

森林火灾是威胁我国城市森林健康和安全的主要因素之一。在城市森林的风险灾害因子中，城市森林火灾也是造成重大损失的重要风险源。城市森林火灾受森林类型、森林的结构、气候和人类活动等诸多因素的影响。由于城市森林与人关系密切，遭到反复破坏的可能性大，林相残缺，疏密不均，林中杂草丛生，增加了林分易燃性，也增加了城市森林火灾发生的几率。

8.1.1 火灾发生频次、损失统计

对森林火灾发生频次、损失的统计主要统计城市森林火灾次数（次）、受害森林面积（hm^2）、林木损失（m^3 或万株）、人员伤亡（人）、其他损失（万元）、出动扑火人工（工日）、出动车辆（台）、出动飞机（架次）和扑火经费（万元）。此次统计城市主要包括北京、天津、上海和重庆，并通过对这四城市 2003～2008 年森林火灾发生的频次、损失的统计，建立有关概率函数，推算全国城市森林火灾发生的风险损失。

具体统计中，森林火灾次数包括森林火警、一般火灾、重大火灾和特大火灾的次数，未统计火场总面积，仅统计了受害森林面积。2003～2008 年北京、天津、上海和重庆 4 城市森林火灾次数、损失等统计如表 8－1、表 8－2。

表 8－1　2003～2008 年北京、天津、上海和重庆 4 城市森林火灾次数、损失等统计表

序号	城市	年份	森林火灾次数（次）	受害森林面积（hm^2）	林木蓄积损失（m^3）	人员伤亡（人）	其他损失（万元）	出动扑火人工（工日）	出动车辆（台）	出动飞机（架次）	扑火经费（万元）
1	北京	2003	4	1.2	2.3			440	40		0.9
	天津		2	0.8				50	8		0.2
	上海										
	重庆		154	333.9	1014.5	1		10861	1107		17.5
	合计		160	335.9	1016.8	1	0	11351	1155	0	18.6

（续）

序号	城市	年份	森林火灾次数（次）	受害森林面积（hm^2）	林木蓄积损失（m^3）	人员伤亡（人）	其他损失（万元）	出动扑火人工（工日）	出动车辆（台）	出动飞机（架次）	扑火经费（万元）
2	北京	2004	11	43.6	177.7	1		3790	329		10.89
	天津		9	1.3				768	58		5.2
	上海										
	重庆		158	155.5	7405.6	2	33.01	24962	1263		29.4
	合计		178	200.4	7583.3	3	33.01	29520	1650	0	45.49
3	北京	2005	11	8				1070	77		2
	天津		16	2			0.4	2090	184		11.08
	上海										
	重庆		117	136	3662	2	53.22	27116	910		38.62
	合计		144	146	3662	2	53.62	30276	1171	0	51.7
4	北京	2006	13	54.6	10.1			15030	489	108	93.45
	天津		46	35.2				4250	331		34.6
	上海										
	重庆		241	664.3	29660.6	2	106.37	115966	5374	5	2344.5
	合计		300	754.1	29670.7	2	106.37	135246	6194	113	2472.5
5	北京	2007	6	2				2660	206		21.46
	天津		18					2100	85		2.5
	上海										
	重庆		79	129	4241	1	21.76	25138	1124		67.43
	合计		103	131	4241	1	21.76	29898	1415	0	91.39
6	北京	2008	3	2				490	46		1.53
	天津		13					740	66		1.8
	上海										
	重庆		186	123	4127	1	35.22	21430	1135		55.57
	合计		202	125	4127	1	35.22	22660	1247	0	58.9

资料来源：国家林业局，2009。

表 8-2　2003~2008 年北京、天津、上海和重庆 4 城市森林火灾次数、损失等统计表

年份	2003	2004	2005	2006	2007	2008
森林火灾次数（次）	160	178	144	300	103	202
受害森林面积（hm^2）	335.9	200.4	146	754.1	131	125
林木蓄积损失（m^3）	1017	7583	3662	29671	4241	4127
人员伤亡（人）	1	3	2	2	1	1
其他损失（万元）	0	33.01	53.62	106.37	21.76	35.22
出动扑火人工（工日）	11351	29520	30276	135246	29898	22660
出动车辆（台）	1155	1650	1171	6194	1415	1247
出动飞机（架次）	0	0	0	113	0	0
扑火经费（万元）	18.6	45.49	51.7	2472.5	91.39	58.9

资料来源：国家林业局，2009。

因此，由 2003~2008 年北京、天津、上海和重庆 4 城市森林火灾次数、损失等统计可以看出：森林火灾次数、受害森林面积、林木蓄积损失、其他损失、出动扑火人工、出动车辆、出动飞机架次和扑火经费均呈“U”字形分布，而人员伤亡呈减小趋势（图 8-2）。

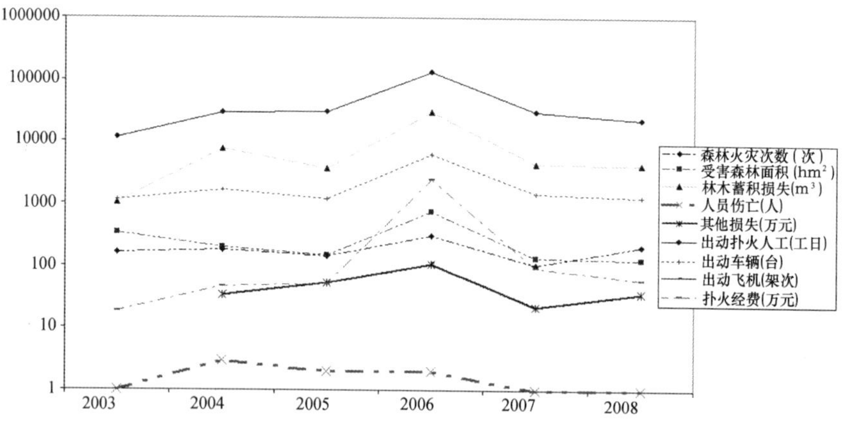

图 8-2　2003~2008 年北京、天津、上海和重庆森林火灾次数、受害森林面积、林木蓄积损失等变化

根据第六次全国森林资源清查数据,北京、天津、上海和重庆 4 城市森林面积分别为 37.88、9.35、1.89、183.18 万 hm^2(国家林业局森林资源管理司,2004)。据此,计算得到 2003～2008 年 4 城市年平均单位面积森林火灾次数为 8×10^{-5}次/$hm^2\cdot a$,受害森林面积为 0.0001$hm^2/hm^2\cdot a$,林木蓄积损失为 0.0036$m^3/hm^2\cdot a$,人员伤亡为7×10^{-7}人/ $hm^2\cdot a$,其他损失 0.18 元/ $hm^2\cdot a$,出动扑火人工 0.0186 工日/$hm^2\cdot a$,出动车辆 0.0009 台/$hm^2\cdot a$,出动飞机 8×10^{-6}架次/$hm^2\cdot a$,扑火经费 1.96 元/ $hm^2\cdot a$。因此,火灾造成的这些损失是不可低估的。

8.1.2　火灾风险损失评价

根据上述计算得到的 2003～2008 年北京、天津、上海和重庆 4 城市森林火灾次数、损失的年平均数据，计算全国城市森林火灾风险年平均损失价值。

在损失计算中，林木蓄积损失按全国平均出材率 70%～75%，木材价格按 2008 年全国平均木材价格 667 元/m^3 计算（国家林业局，2009）。

人员伤亡，根据国家统一伤亡赔偿标准：依据当地上一年的平均工资，按“20 年的工资”赔偿（新京报，2005)。2008 年，我国城镇单位就业人员平均工资为 28 898 元/人·a（国家统计局，2009)。因此，伤亡赔偿应为 57.80 万元/人。

扑火人工工日单价，按 2008 年内蒙古人工工日单价 49 元/工日计算（内蒙古建工委，2009)。

出动车辆，按普通货车每天每台辆使用成本 2000～5000 元/台辆的下限计算。

出动飞机，按普通客机飞行 2h 计算，平均成本为 25 000 元/架次。

因此，计算得到森林火灾损失每年单位面积为 7.13 元/$hm^2\cdot a$，全国城市森林火灾风险年平均损失价值如表 8－3。

表 8 -3　城市森林火灾风险年平均损失估算表

序号	计算范围	城市森林面积（万 hm^2）	森林火灾损失（亿元/a）
1	按城市行政区域土地面积计算	16210	11.56
2	按城市建成区面积计算	95	0.07
3	按建成区绿化覆盖面积计算	102	0.07

从表 8 -3 可以看出：按城市行政区域土地面积计算，全国城市森林火灾风险年平均损失为 11.56 亿元/a；按城市建成区面积计算，年平均损失为 0.07 亿元/a；按建成区绿化覆盖面积计算，城市森林火灾风险年平均损失为 0.07 亿元/a。

8.2　城市森林病虫鼠害的风险损失

8.2.1　病虫鼠害发生面积及防治投资统计

城市森林生物灾害是自然灾害的另一类。它是指由病原微生物以及有害植物、昆虫和其他动物所引起的危害城市森林健康的各种灾害。城市森林病虫鼠害所造成的损失虽然不像城市森林火灾那样直观，但实际损失或潜在损失更大，形象地被人们称之为“不冒烟的森林火灾”。

由于城市森林环境本身易受如土地开发、发展经济林、追求单纯的景观林、环境污染等人为因素的影响，其生物多样性水平较低、生物结构简单、生物的生存环境相对较差。同时，由于城市环境的非自然化，当受到诸如水体污染、空气污染、光热效应、化学尘暴等环境胁迫时，这种不稳定的城市森林生态系统便难以抵御灾害的入侵和发生，且灾害的成因极为复杂，最终导致城市森林生物灾害蔓延成灾，从而威胁城市居民的身体健康，毁坏城市基础设施并引发各种灾害，也破坏城市森林景观的美学价值，影响居民生产和生活质量。

以北京市森林病虫害统计为例：1990 ~ 2007 年，病虫害发生的面积呈上涨趋势，其中，轻度发生面积增长幅度较大，中度和重度呈下降趋势（图8－3）。

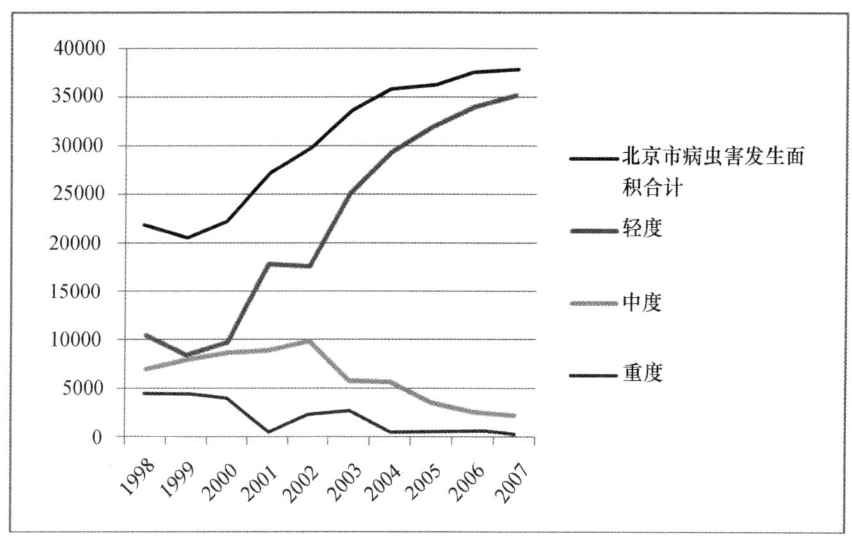

图8－3　1990～2007年北京森林病虫害发生面积（hm^2）

近年来，我国其他城市森林病虫鼠害发生面积也呈上涨趋势。根据《中国林业统计年鉴》提供的资料：2003～2008年北京、天津、上海和重庆4城市森林病虫鼠害发生面积呈上涨趋势，年均增长10.59%；森林病虫鼠害防治投资完成额也呈增加趋势，年均增长29.24%（表8－4，图8－4）。虽然投资额的增加一定程度上遏制了病虫鼠害的发生，但投资额的增加程度远远超过了森林病虫鼠害发生面积的增长程度（表8－5，图8－5），给国家财政带来一定的负担。因此，提高城市森林病虫鼠害防治投资的使用效率，加强城市森林病虫鼠害防治的形势是十分严峻的。

表8－4　2003～2008年北京、天津、上海和重庆4城市森林病虫鼠害发生面积、投资等统计表

年份	2003	2004	2005	2006	2007	2008
森林病虫鼠害发生面积（hm^2）	206218	223414.1	225248	318668	327392	341158

（续）

年份	2003	2004	2005	2006	2007	2008
发生率（%）	17.5	18.5	22.1475	15.25	10.73	11.1775
森林病虫鼠害防治面积（hm^2）	194621	252624.6	191553	271334	314459	296281
防治率（%）	92.25	96.25	91.96	91.9525	96.94	95.4025
森林病虫鼠害防治投资完成额（万元）	2840	2711	3702	5326	11717	10239

资料来源：国家林业局，2009。

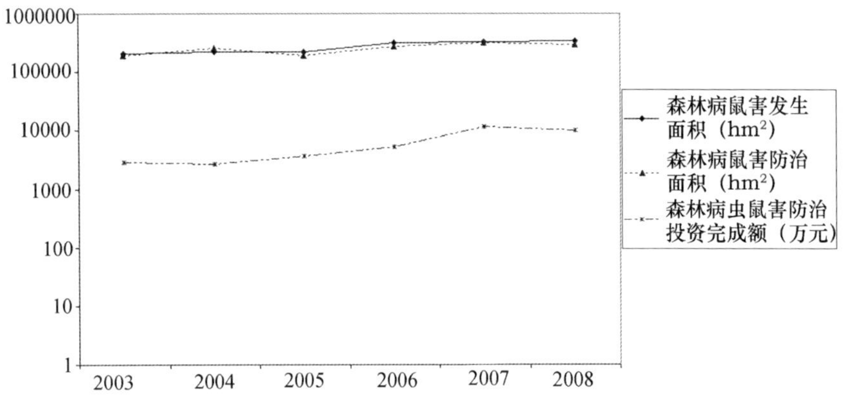

图 8-4　2003~2008 年北京、天津、上海和重庆 4 城市森林病虫鼠害发生面积、防治投资图

表 8-5　森林病虫鼠害发生面积与防治投资的相关分析

		森林病虫鼠害发生面积	森林病虫鼠害防治面积	森林病虫鼠害防治投资完成额
森林病虫鼠害发生面积	Pearson Correlation	1	0.886*	0.832*
	Sig.（2-tailed）		0.019	0.040
	N	6	6	6
森林病虫鼠害防治面积	Pearson Correlation	0.886*	1	0.724
	Sig.（2-tailed）	0.019		0.104
	N	6	6	6

（续）

		森林病虫鼠害发生面积	森林病虫鼠害防治面积	森林病虫鼠害防治投资完成额
森林病虫鼠害防治投资完成额	Pearson Correlation	0. 832*	0. 724	1
	Sig. （2 - tailed）	0. 040	0. 104	
	N	6	6	6

* Correlation is significant at the 0. 05 level （2 - tailed）.

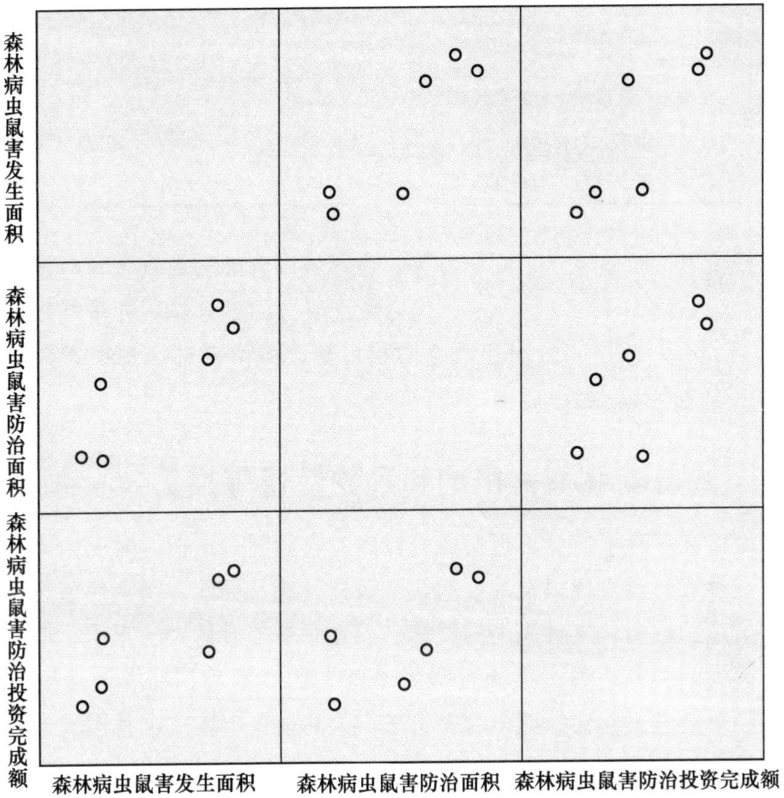

图 8 - 5　森林病虫鼠害发生面积与防治投资的相互关系图

8. 2. 2　病虫鼠害风险损失评价

同样，根据 2003 ~ 2008 年北京、天津、上海和重庆 4 城市森林病

虫鼠害发生面积和防治投资完成额统计数据及 4 城市森林资源面积统计，求得单位面积森林发生病虫鼠害面积为 0.12$hm^2/hm^2 \cdot a$，单位面积森林防治病虫鼠害投资完成额为 26.21 元/$hm^2 \cdot a$，即单位面积森林病虫鼠害每年发生的风险损失为 26.21 元/$hm^2 \cdot a$。因此，求得全国城市森林病虫鼠害每年发生的风险损失如表 8－6。

表 8－6　全国城市森林病虫鼠害每年发生的风险损失估算表

序号	计算范围	城市森林面积（万 hm^2）	森林病虫鼠害损失（亿元/a）
1	按城市行政区域土地面积计算	16210	42.49
2	按城市建成区面积计算	95	0.25
3	按建成区绿化覆盖面积计算	102	0.27

按城市行政区域土地面积计算，全国城市森林病虫鼠害每年发生的风险损失估计为 42.49 亿元/a；按城市建成区面积计算，年平均损失为 0.25 亿元/a；按建成区绿化覆盖面积计算，城市森林病虫鼠害风险年平均损失为 0.27 亿元/a。

8.3　城市森林征占用地和乱砍滥伐等损失

城市森林除了遭受不可避免的自然灾害的同时，在短时间内也摆脱不了森林资源被盗伐以及乱砍滥伐，毁林开荒、林地占用、环境污染等人为破坏的影响。这种人为的破坏，一方面是与毁林人的素质、道德水准有很大的关系；另一方面也与城市森林的经营管护有非常重要的关系。经营管理不善会给城市森林带来很大的损失。城市森林因缺乏必要的管理或经营管理不善引起树木被盗，幼林被毁，造林成活率低等，也会给城市森林发展造成很大影响。另外，在一些政策的影响下，一些相关联的产业的发展会与城市森林的发展产生冲突，例如城市道路、水电等各类建筑工程征用或占用林地，房地产发展对林地的征用或占用等，都会与城市森林的发展产生冲突。而且，随着经济发展，人民生活水平的提高，城市中汽车保有量不断增加，空气污染越来越严重，环境污染对林木生长的影响越来越明显，因而也是城市森林人为干扰胁迫的一个重要方面。

根据全国第六次森林资源清查资料：在第五（1994～1998）、第六次（1999～2003）森林资源清查间隔期内，全国林业用地转为非林业用地的面积 1010.68 万 hm^2。其中，由于毁林开荒、种植结构调整等因素变为农地或牧地的面积 855.47 万 hm^2，占 85%；城市、道路和水电等各类建设工程征占用地 107.35 万 hm^2，约占 10%；开矿等因素使林业用地变成难利用地的面积为 47.86 万 hm^2，约占 5%（国家林业局森林资源管理司，2004）。因此，在城市森林发展中，城市林业用地的征占用和乱砍滥伐是非常严重的。按照全国社科基金项目的研究成果，2004 年我国林业用地平均价格为 5715.63 元/hm^2（张颖，2010）。根据上面的统计数据，按照这一结果粗略估算，我国城市森林每年因城市、道路等建设引起的征占用林地的价值损失平均为 12.27 亿元/a 左右。因此，这一损失在城市森林发展中是不容忽视的。

8.4　城市森林生态风险损失汇总及风险管理

根据上述计算，我国城市森林的火灾、病虫鼠害、征占用地和乱砍滥伐等生物灾害及人为干扰的生态风险损失价值为：①按城市行政区域土地面积计算，年生态风险损失为 66.32 亿元/a；②按城市建成区面积计算，年生态风险损失为 12.59 亿元/a；③按建成区绿化覆盖面积计算，年生态风险损失为 12.61 亿元/a（表 8－7，图 8－6）。

表 8－7　城市森林生态风险损失估算汇总表

序号	计算范围	城市森林面积（万 hm^2）	年森林生态风险损失（亿元/a）	
1	按城市行政区域土地面积计算	16210	火灾损失	11.56
			病虫鼠害损失	42.49
			征占用地和乱砍滥伐损失	12.27
			合计	66.32

（续）

序号	计算范围	城市森林面积（万 hm^2）	年森林生态风险损失（亿元/a）	
2	按城市建成区面积计算	95	火灾损失	0.07
			病虫鼠害损失	0.25
			征占用地和乱砍滥伐损失	12.27
			合计	12.59
3	按建成区绿化覆盖面积计算	102	火灾损失	0.07
			病虫鼠害损失	0.27
			征占用地和乱砍滥伐损失	12.27
			合计	12.61

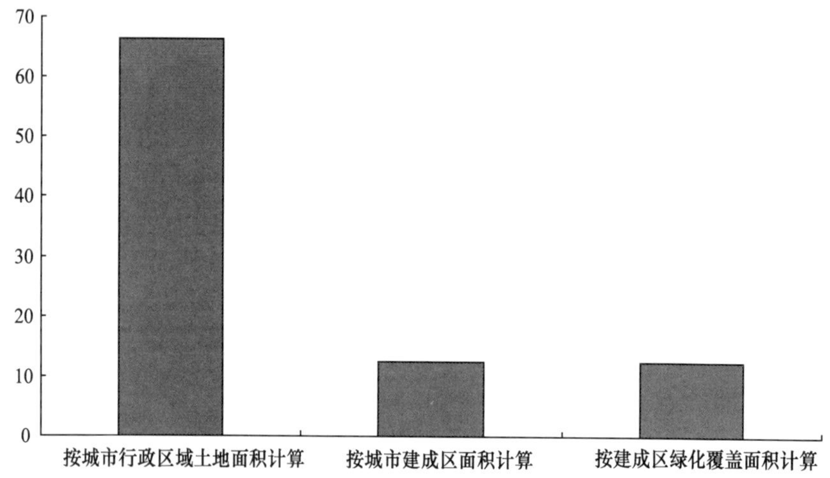

图 8-6　城市森林生态风险损失估算图

因此，在生态风险损失中，森林病虫鼠害损失和征占用地及乱砍滥伐的损失所占的比重较大，尤其是征占用地和乱砍滥伐等人为干扰胁迫的损失占风险损失的绝大部分，说明加强城市森林风险的管理，尤其是加强森林人为干扰胁迫的管理迫在眉睫。

目前，我国城市森林的风险管理水平还很低，尤其是城市森林的风险研究和管理还处于起步阶段，还有很长的路要走。

我国城市森林的风险管理存在的主要问题有：

（1）研究刚刚起步，缺乏有质量的研究

我国城市森林研究起步晚，风险管理，尤其是生态风险管理的研究在国内还是空白。提高城市森林风险管理水平还需要相当长的时间。与国外城市森林风险的研究、管理相比，从研究内容、广度上来看，目前刚刚涉及了城市森林风险研究的主要内容。但从研究的深度来看，基本都是对城市森林生态效益评价或者指标体系设计，做了很多重复性的研究工作，研究内容缺乏新意，涉及城市森林风险的研究也大都是定性的简单表述一下，缺乏深入的、定量的分析研究。

（2）理论不充分，概念界定不统一，缺乏系统、可靠的评价基础数据

对城市森林风险的管理，首先应该有统一界定和标准。由于我国城市森林的研究刚刚起步，对此并没有一个权威的、确切的和统一的风险的概念、标准的界定。因而，造成了各地区对城市森林风险的标准不一致，各地区的研究缺乏可比性，研究成果也得不到堆广，无法与世界城市森林的有关研究接轨。

另外，从研究成果在实践的应用上看，由于国内城市森林风险研究时间不长，对我国城市森林风险实践中遇到的许多问题还不能具备强有力的理论指导。城市森林风险研究仍以借鉴和引用为基础，仍然缺乏量化和具有说服力的科学数据。城市森林风险涉及生态、经济和社会等诸多方面，需要大量的基础数据，包括定性和定量数据。目前国内在做森林风险评价时缺乏必备的基础数据，有些观察数据缺乏必要的连续性和系统性。在全国，还没有任何一个城市已建立起完善的城市森林本底数据库和能够及时地进行数据更新和动态监测的城市森林信息管理系统，这严重影响了城市森林的风险管理。因此，我们的首要任务是将城市森林的概念、研究范围和内容、效益评价等，制定出统一的标准。其次，再对城市森林风险等进行统一的界定和研究，以促进城市森林风险管理的发展。

(3) 缺乏科学权威的风险识别框架和有针对性的风险管理对策

建立科学、合理的城市森林风险识别框架关系到风险管理的正确性，是风险管理工作的重要内容和基础工作。目前，国内外学者虽然提出了不少城市森林结构和效益的评价指标体系，但这些评价指标体系一方面为追求指标体系的完备性，不断提出新指标，使指标数目不断增大；另一方面，由于缺乏科学有效的指标筛选方法，存在很大的主观性，而且，有针对性的城市森林风险管理对策的研究更少。

因此，我国城市森林风险研究、管理还有非常大的潜力，并且需要相关权威部门在基础数据的建立和指标口径的统一上扎扎实实地做好基础性工作，才能有条件运用先进的定量方法去研究城市森林风险的问题，进而促进城市森林风险管理的健康发展。

第9章 城市森林发展政策

我国城市森林环境影响评价结果表明：每年城市森林环境影响总价值为1103.55亿元。其中，每年经济环境影响占总环境影响价值的20.37%；生态环境影响占64.79%；社会环境影响占15.98%；生态风险损失占总环境影响的-1.14%。在总的环境影响价值中，城市森林生态环境影响最大，其次是经济环境影响，再次是社会环境影响，第四是生态风险损失的影响。因此，在城市森林管理中，应首先加强生态环境保护管理，其次加强城市森林经济政策的制定，再次加强社会政策的制定，以促进城市森林发挥更大的作用。

政策是治理国家、规范民众的谋略或规定。现代的政策含义主要是指国家或政党为实现一定历史时期的路线而制定的行动准则（中国社会科学院语言研究所词典编辑室，1979）。政策具有导向功能、控制功能、协调功能和象征功能。按照政策发生、发展的逻辑顺序的层次性划分，政策可分为元政策、基本政策和具体政策；按所涉及的社会生活领域划分，政策可分为政治政策、经济政策、社会政策和文化政策。城市森林的发展政策属于具体政策，它是政府为了实现城市森林的发展目标而对其形成和发展进行干预的各种政策的总和，一般包括产业政策、经济政策和科技政策。本章主要通过对前面各章研究结果的总结，并采用聚类分析和最优尺度的回归分析方法，探索我国城市森林的发展政策。

9.1 我国城市森林环境影响评价结果

根据前面八章的研究，我国城市森林的环境影响主要包括经济环境

影响、社会环境影响、生态环境影响和人口发展影响。在经济环境影响中，城市森林主要表现为①对林业产值的影响；②对森林资源资产的影响。其中，城市森林每年增加林业产值 219.86 亿元/a。按建成区绿化覆盖面积计算，每年新增森林资源资产价值 4.97 亿元/ a。

在生态环境影响中，主要包括保护生物多样性、固碳、净化空气、局部降温和增加水量、改善水质。按建成区绿化覆盖面积计算，我国城市森林每年增加 715.02 亿元/ a 的价值。其中，城市森林每年保护生物多样性的价值为 251.23 亿元/ a；固碳价值 17.95 亿元/a；净化空气价值 40.03 亿元/ a，局部降温和增加水量、改善水质价值分别为 238.71 亿元/ a 和 167.10 亿元/ a。

在社会环境影响中，主要包括提供就业机会的价值、森林游憩价值、森林科学、文化、历史价值和增加所在地商业销售额的价值。具体来说，我国城市森林每年提供就业机会的价值为 1.57 亿元/ a，森林游憩价值为 153.47 亿元/ a，森林科学、文化、历史价值为 0.56 亿元/ a，增加所在地商业销售额的价值为 20.71 亿元/ a。其中，森林游憩价值最大，森林科学、文化、历史价值最小。

在城市森林对居民发展的影响中，主要计算了城市森林 GDP 弹性系数，城市森林恩格尔系数弹性系数，建成区绿化覆盖率与工业废水排放达标率相关系数和建成区绿化覆盖率与烟尘排放量相关系数。计算表明：我国城市森林 GDP 弹性系数为 0.43 ~0.60，城市森林恩格尔系数弹性系数为 -1.27 ~ -1.94，建成区绿化覆盖率与工业废水排放达标率相关系数为 0.802，建成区绿化覆盖率与烟尘排放量相关系数为 -0.617。

另外，在城市森林生态风险损失的影响评价中，每年火灾损失为 0.07 亿元/a，病虫鼠害损失为 0.27 亿元/a，征占用地和乱砍滥伐损失为 12.27 亿元/a。在这些损失当中，每年城市森林征占用地和乱砍滥伐损失最大，病虫鼠害损失次之，每年火灾损失最小。

因此，根据上述我国城市森林环境影响评价结果，具体汇总如表 9 -1、图 9 -1。

表9-1　我国城市森林环境影响评价结果汇总表

序号	评价内容	评价结果	
		每年的环境价值影响（亿元/a）	弹性系数（%）或相关系数
1	经济环境影响	224.83	
1.1	年均增加林业产值	219.86	
1.2	年均增加森林资源资产	4.97	
2	生态环境影响	715.02	
2.1	保护生物多样性	251.23	
2.2	固碳	17.95	
2.3	净化空气	40.03	
2.4	局部降温	238.71	
2.5	增加水量、改善水质	167.1	
3	社会环境影响	176.31	
3.1	提供就业机会价值	1.57	
3.2	森林游憩价值	153.47	
3.3	森林科学、文化、历史价值	0.56	
3.4	增加所在地商业销售额的价值	20.71	
4	对居民发展的影响		
4.1	城市森林GDP弹性系数		0.43～0.60
4.2	城市森林恩格尔系数弹性系数		-1.27～-1.94
4.3	建成区绿化覆盖率与工业废水排放达标率的相关系数		0.802
4.4	建成区绿化覆盖率与烟尘排放量的相关系数		-0.617
5	城市森林生态风险损失	-12.61	
5.1	火灾损失	-0.07	
5.2	病虫鼠害损失	-0.27	
5.3	征占用地和乱砍滥伐损失	-12.27	
	合计	1103.55	

由表9-1、图9-1可以看出，在城市森林环境价值影响中，每年经济环境影响价值为224.83亿元，占总环境影响1103.55亿元/a的

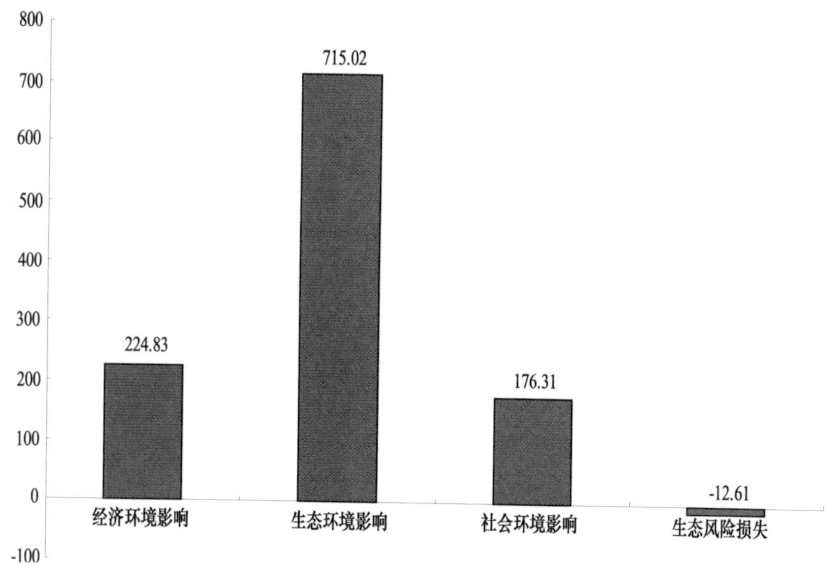

图 9－1　城市森林环境影响评价价值汇总表（单位：亿元/a）

20.37%；生态环境影响 715.02 亿元/a，占总环境影响的 64.79%；社会环境影响 176.31 亿元/a，占总环境影响的 15.98%；生态风险损失 －12.61 亿元/a，占总环境影响的 －1.14%（图 9－2）。因此，在总的环境价值影响中，我国城市森林生态环境影响最大，其次是经济环境影

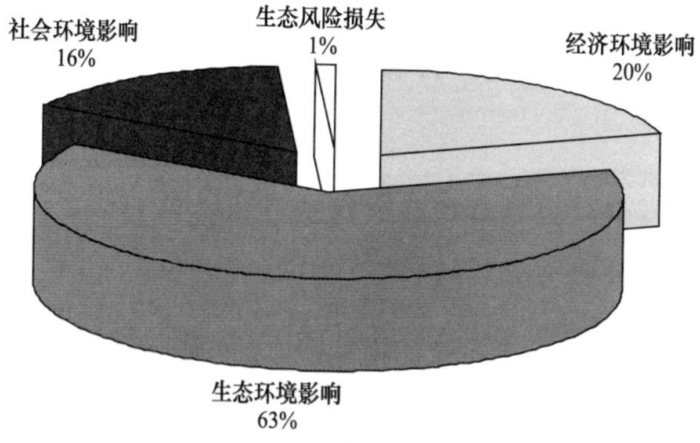

图 9－2　城市森林环境影响评价构成表

响，再次是社会环境影响，第四是生态风险损失的影响，每年损失12.61亿元。这对我国城市森林的管理有重要的启迪作用。在政策制定中，应首先加强生态环境政策的制定，其次加强城市森林经济政策的制定，再次加强社会政策的制定，以促进城市森林发挥更大的作用。

9.2　城市森林环境影响评价结果的重点分析

9.2.1　环境影响评价结果聚类分析

我们知道，进行城市森林环境影响评价所选取的指标，或多或少存在程度不同的相似性，即以指标间的距离来衡量，存在一定程度的亲疏关系。根据这些评价指标，具体找出一些能够度量它们之间相似程度的统计量，以这些统计量为政策制定、城市森林管理或指标类型划分的依据。一般把一些相似程度较大的指标聚合为一类，把另外一些彼此之间比较相似的指标又聚合为另一类，直到把所有的指标聚合完毕，这就是聚类分析的基本思想。

针对我国城市森林环境影响的评价结果，特选取经济环境影响、生态环境影响、社会环境影响和生态风险损失的评价指标进行聚类分析，以便确定城市森林管理的重点，制定不同的发展政策，促进城市森林的可持续发展。

首先，选取表9－1中经济环境影响、生态环境影响、社会环境影响和生态风险损失的评价结果，进行评价指标的Q型聚类。

在聚类方法选择中，选取Ward最小方差法，以方差最小为聚类的原则，具体聚为3类，聚类的凝聚过程表如表9－2。

表9－2　聚类的凝聚过程表

Stage	类合并		Coefficients	首先出现的类别		Next Stage
	Cluster 1	Cluster 2		Cluster 1	Cluster 2	
1	1	3	1177.095	0	0	2
2	1	4	31474.237	1	0	3
3	1	2	288590.707	2	0	0

其次，进行聚类，并作出冰柱图（图 9－3）和树形图（图 9－4）。

	样本						
	生态环境影响		生态风险损失		社会环境影响		经济环境影响
1	×	×	×	×	×	×	×
2	×		×	×	×	×	×
3	×		×		×	×	×

图 9－3　聚为 3 类的冰柱图

```
******HIERARCHICAL CLUSTER ANALYSIS******

Dendrogram using Average Linkage(Between Groups)

                         Rescaled Distance Cluster Combine

         CASE          0         5        10        15        20        25
Label            Num   +---------+---------+---------+---------+---------+

经济环境影响      1     ┬──────┐
社会环境影响      3     ┘      ├──────────────────────────────────────┐
生态风险损失      4     ───────┘                                      │
生态环境影响      2     ──────────────────────────────────────────────┘
```

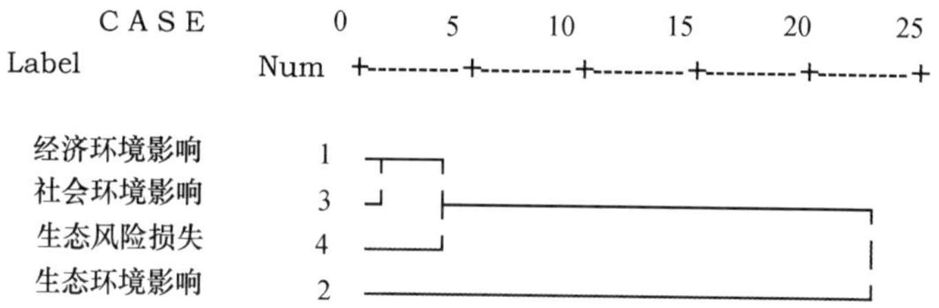

图 9－4　聚类树形图

最后，比较表 9－3 和图 9－3、图 9－4，可以看出：经济环境影响和社会环境影响可以分为一类，生态环境影响为一类，生态风险损失为另一类。

表 9－3　城市森林环境影响评价分为 3 类的聚类结果

样　　本	3 Clusters
1 经济环境影响	1
1 生态环境影响	2
3 社会环境影响	1
4 生态风险损失	3

因此，从上述聚类结果可以看出：在我国城市森林管理的政策制定中，经济、社会政策可以合并为一类，生态环境政策为一类，防止城市森林火灾和病虫鼠害发生，减少乱砍滥伐和城市森林土地占用等，减少生态风险损失的政策为另一类。这不仅有利于提高城市森林管理的效率，也能够提高政策制定和执行的效率，做到有的放矢，促进城市森林的可持续发展。

9.2.2　评价结果的最优尺度回归分析

最优尺度回归主要针对非数值型变量的一种回归。它是将非数值型变量转化为数值型，再使用回归的方法，求出最佳方程。它是标准的回归方法的扩展，主要用它来分析判断变量的影响力大小。它也是政策制定影响因素重要程度分析的辅助工具。

针对我国城市森林环境影响的评价结果，选取城市森林环境影响价值（亿元/a）为因变量，选取经济环境影响（亿元/a）、生态环境影响（亿元/a）、社会环境影响（亿元/a）和生态风险损失（亿元/a）为自变量，进行最优尺度回归。具体计算的数据转换前、转换后的相关系数如表9－4、表9－5，相关系数分析表如表9－6。

由表9－4、表9－5可以看出，转换前后自变量间的相关系数都是比较小的，而经济环境影响与生态风险损失转换前后的相关系数较大，分别为0.90和0.898，说明其他自变量间是相互独立的，评价结果有一定的合理性。

表9－4　数据转换前相关系数计算表

	经济环境影响	生态环境影响	社会环境影响	生态风险损失
经济环境影响	1.000	0.100	－0.300	0.900
生态环境影响	0.100	1.000	0.100	－0.300
社会环境影响	－0.300	0.100	1.000	－0.500
生态风险损失	0.900	－0.300	－0.500	1.000
Dimension	1	2	3	4
Eigenvalue	2.202	1.064	0.733	0.000

表 9－5　数据转换后相关系数计算表

	经济环境影响	生态环境影响	社会环境影响	生态风险损失
经济环境影响	1.000	0.100	－0.300	0.898
生态环境影响	0.100	1.000	0.100	－0.299
社会环境影响	－0.300	0.100	1.000	－0.499
生态风险损失	0.898	－0.299	－0.499	1.000
Dimension	1	2	3	4
Eigenvalue	2.200	1.064	0.734	0.002

表 9－6　相关系数分析表

	Correlations				Tolerance	
					After	Before
	Zero－Order	Partial	Part	Importance	Transformation	Transformation
经济环境影响	－0.500	－1.000	－0.009	0.059	0.006	0.001
生态环境影响	0.600	1.000	0.082	0.281	0.031	0.004
社会环境影响	－0.300	－1.000	－0.231	0.223	0.096	0.014
生态风险损失	－0.601	－1.000	－0.048	0.436	0.004	0.001

Dependent Variable：城市森林环境影响价值。

另外，由表 9－6 中的“Important ”重要性系数可以发现，生态风险损失的重要性最大，重要性系数为 0.436；生态环境影响的重要性次之，重要性系数为 0.281，社会环境影响的重要性第三，重要性系数为 0.223，经济环境影响的重要性最小，重要性系数为 0.059。同时，由相关系数（Part）的增加幅度看，生态环境影响增加了 0.082，增加幅度最大，也说明它的影响力较大。

最后，根据回归结果中的 Standardized Coefficients 确定的最终回归方程式为：

城市森林环境影响价值＝－0.118×经济环境影响＋0.469×生态环境影响－0.745×社会环境影响－0.726×生态风险损失

画出的城市森林环境影响价值转换图如图 9－5。

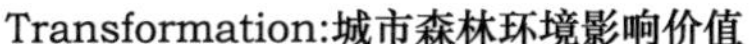

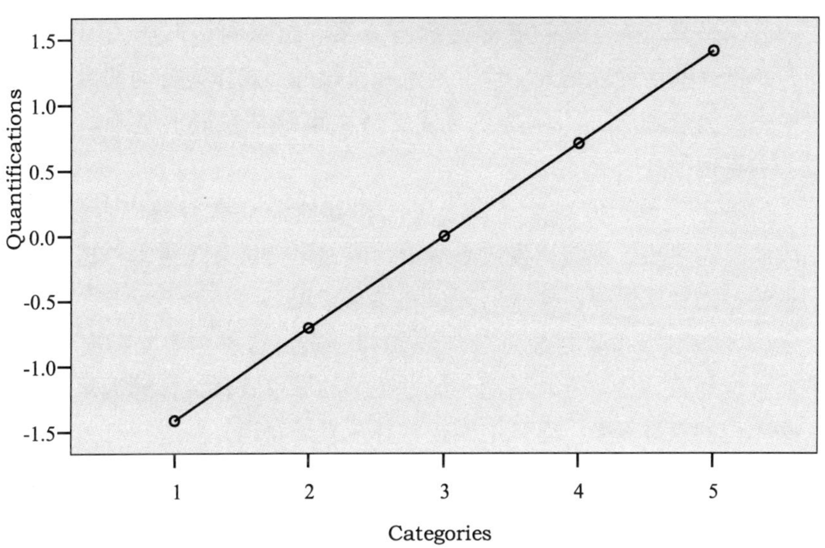

图 9 - 5　城市森林环境影响价值转换图

因此，从我国城市森林评价结果的最优尺度的回归结果可以看出：在城市森林环境影响价值评价中，生态风险的影响最重要，生态环境影响次之，社会环境影响第三，经济环境影响最小。在城市森林管理和政策制定中，也应抓住主要矛盾，解决重要问题，提高管理效率。

9.3　城市森林发展的公众教育政策

城市森林是一个复杂的生态、社会、经济结合体。城市森林发展的公众教育政策取决于城市森林建设体系各个构成要素间内在的联系、规律，这些内在联系和规律，是值得深入研究的课题。

美国的研究表明，公众教育政策涉及组织和教育，主要是教育所有公民和团体愿意为社会的未来远景和城市森林规划、城市森林经营管理提供支持，并愿意为城市森林规划、经营管理的执行、森林保护等提供支持和服务。

公众教育政策的目的主要是通过广泛的交流、参与，改变人们对城

市森林的态度。

公众教育政策主要包括制定教育方案、组织和培训居民团体等活动，并把这些活动以正式文件、规定和法律的形式作为行动的准则。一般说来，公众和居民团体是参与或支持城市森林发展的基础。具体来说，主要包括：

（1）制定教育方案，以说服居民和其他公众参与城市森林保护。一般通过讲习班，视频，发放小册子，或通讯提供有关树木种植、保健信息等，增加居民保护树木的知识和参与意识。

（2）编制城市森林经营管理规划和方案。这些主要是针对一些企事业单位的森林经营管理活动。通过统一的城市森林经营管理规划，把这些单位的森林经营、管理纳入正常林业发展轨道，并进行有关业务和技术指导，免费提供苗木、技术培训等，促进这些单位的森林经营管理的发展。

（3）组织和支持居民团体支持城市森林保护，开展植树造林和城市森林经营管理方案。这里主要通过发展一些小项目，组织和支持居民团体支持城市森林保护，提高居民、行动团体对城市森林经营管理方案、发展规划的认同。如美国全球森林 Releaf 组织，通过这样的活动，提高了居民和团体对城市森林发展规划、经营管理方案的认同（Georgia Forestry Commission，2000）。

9.4 城市森林发展的所有者政策

所有者政策，即鼓励公众团体或私人非赢利组织等购买土地等进行植树造林。这里主要包括：

9.4.1 购买土地使用权，进行造林和再造林

鼓励公众团体或私人非赢利组织等购买一些城市空地、公园用地、保护区，或野生动物的栖息地的使用权，并把一些经济收入归这些团体所有，以扩大城市森林的面积和森林资源的配置，促进城市森林的健康发展。如 2000 年格鲁吉亚的 RiverCare 土地保护计划，一些团体就购买

了某些河段的使用权，该河段的渔业的经济收入归这些团体所有，从而促进和保护了这些河段的森林发展，也保护了河段森林景观的价值。

9.4.2　支持或鼓励非营利性土地信托种植

城市的一些空地、公园、保护区和一些动植物栖息地，一般不允许市民经营。但可支持或鼓励非营利性土地信托种植。这些地方的土地所有者是国家，可通过土地信托协议，采用市场化的手段，使城市空地植树造林，公园、保护区和一些动植物栖息地得到经营发展。

9.4.3　促进道路、人行道等公共用地的森林的发展

如何使道路、人行道等公共基础设施两旁的空间得到很好的绿化利用，这也是城市森林发展值得研究的一个问题。道路、人行道等基础设施往往属于公共财产，要在两旁的空间植树造林，进行绿化，首先需要对两旁的土壤进行改良。这不仅需要公共财政支出，还需要完善的城市森林发展规划和详细的森林经营管理方案。其次，对道路、人行道等两侧进行立体绿化，如种植草坪，利用有关植物进行装饰美化，对特有空间栽植小灌木和小乔木等。但不得以牺牲道路、人行道等的交通安全为代价。对这些地方的森林发展，一般要通过立法等形式促进植树造林。如美国面向21世纪的交通公平法案（TEA－21），它是“保护和改善环境，推动节约能源，提高生活质量”，进行道路两侧空间绿化筹集资金的法律依据。道路、人行道等两侧公共用地的森林发展，具有很高的环保价值，也具有很好的社会和经济效益。

9.5　城市森林发展的法律、法规保障

城市森林发展需要一定的法律、法规保障。因此，城市森林发展的法律、法规主要包括保护和促进植树造林的有关法律、法规。城市森林发展的法律、法规的制定是一个复杂的过程。首先，要建立在协商一致的基础上，充分与市民沟通，提高对城市森林发展重要性的认识；其次，制定法律、法规等，要接受公众的挑战，这种挑战可能是巨大的，

但一但这些法律、法规获得公众的支持，它们的效力也是强大的。

9.5.1 制定有关树木保护和造林条例

保护树木，造林或重新造林条例，应包括把城市造林绿化作为允许建筑物建设的一部分的有关条例，也包括要求对有关道路、人行道等两侧进行土壤改良的条例等，以促进这些地方森林的健康生长。只有把这些绿化造林当成申请建筑许可证的一部分，才能真正促进城市绿化造林的发展。

9.5.2 增加法律、法规的灵活性，补充相关条例

一般来说，法律、法规具有刚性，缺少一定的弹性。一但法律、法规颁布实施了，就很难有变动的余地。但城市森林保护、植树造林的环境条件千差万别，应针对有关法律、法规条文，制定相关补充条例，这些条例应针对不同的环境条件，对不同类型的森林保护和植树造林进行划分，并进行补充说明，以增加有关法律、法规的灵活性。

城市森林同休憩用地、娱乐区一样，同属于公共设施。对这些设施的面积、比例和数量的要求，应有详细的规定和说明，并在一定条件下允许这些设施进行转让。

9.5.3 纳入整体环境保护的法律、法规体系

整体的环境保护的法律、法规体系，能够从国家的标准上规定环境保护的发展方向。城市森林发展的有关法律、法规，必须纳入国家整体的环境保护的法律、法规体系，以便以较高的国家标准来衡量城市森林的发展。

城市森林的有关法律、法规，往往立足于区域或行业的发展要求，更多的集中于城市森林面积的扩大，森林的保护、植树造林等方面，如何从国家宏观经济发展、社会、环境进步的角度把握城市森林不同层次的发展水平，还必须把有关法律、法规纳入整体的环境保护的法律、法规体系，以提高法律、法规执行的有效性。

总之，制定城市森林发展政策的目的，是为了更好地帮助社会理解、保护和促进城市森林的发展。我们希望有关城市森林的相关政策，能够激发市民、地方官员、林业、景观建筑师、工程师和规划师能够了解现有发展模式的不足，并认识到树木和其他植物在城市发展中的重要性，促进城市森林的不断发展。

第10章 北京市森林风险影响因素的分析研究

作为我国首都的北京，其城市森林在环境改善中发挥着重要作用。对北京市森林风险影响因素进行分析研究，对促进北京林业发展，加强森林资源管理有重要意义。本章研究表明：北京市森林风险影响因素中，社会经济因素影响最大，占54.4%，自然因素占38.7%，而人为干扰胁迫因素占17.6%，相对较弱。另外，森林火灾的概率回归模型表明，火灾的发生与林业产值有一定的关系，建议在进行林业生产的同时，加强森林火灾的防治。并且，森林病虫鼠害发生概率与营林建设投资总额有一定关系。因此，要加强营林基本建设投资，防止病虫鼠害的发生。

所谓风险是指一种可能性，主要指不利事件或不希望事件发生的可能性。风险是相对安全而言的，它与一些有害情况、与对人群、生态系统、财产和社会的威胁相联系。

森林的风险可分为两大类：一类是森林火灾、生物灾害、气象灾害和地质灾害等自然灾害；另一类是包括干扰和危害森林系统的人为活动，如森林的过度采伐、林区内工程建设、林地占用等人为干扰胁迫。

10.1 北京市森林资源概况

北京市位于华北平原的北端，北以燕山山地与内蒙古高原接壤，西以太行山与山西高原毗连，东北与松辽大平原相通。北京为典型的暖温带半湿润大陆性季风气候，夏季炎热多雨，冬季寒冷干燥，春、秋短促。年平均气温10～12℃，1月平均气温－7～－4℃，7月平均气温25～26℃。年平均降水量600mm，为华北地区降水最多的地区之一。

根据统计，北京市土地面积16 410km^2，其中平原面积6338km^2，占38.6%；山区面积10 072km^2，占61.4%。北京市辖区内现有16区两县，城区有东城、西城、宣武、崇文4个区；近郊有朝阳、海淀、丰台、石景山4个区；远郊有门头沟、房山、大兴、通州、顺义、昌平、平谷、怀柔8个区以及延庆、密云两个县（北京市统计局，2008）。

新中国成立前，北京的林业基础相当薄弱，所剩下的人工林不足300hm^2，残存次生林2万多hm^2，森林覆盖率仅为1.3%。由于缺少森林植被的保护，水、旱、风、沙等自然灾害频繁发生，水土流失严重。新中国成立后，经过几十年的努力，北京市森林建设成就显著。目前，全市有林地面积83万hm^2，林木覆盖率47.5%，森林覆盖率34.3%。其中，山区林木覆盖率63.8%，森林覆盖率44.4%；平原地区林木覆盖率25%，森林覆盖率20.4%。城市森林在全市的社会经济发展中发挥着重要的作用。

10.1.1　林种结构

按照分类经营的原则划分，北京市公益林占森林总面积的66.5%，商品林占森林总面积的33.5%（图10－1）。

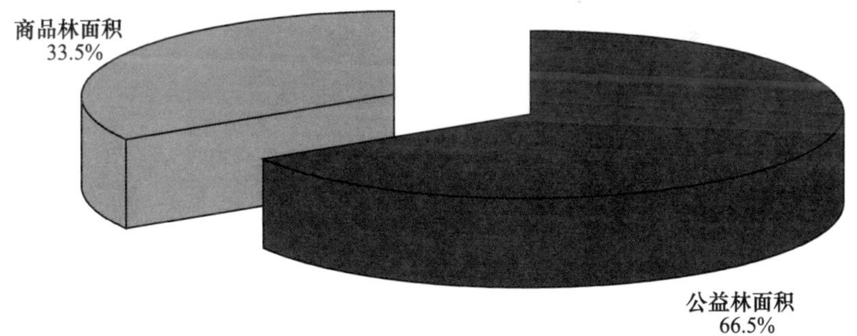

图10－1　北京市森林构成图

在公益林中，防护林面积占85.3%，特用林占14.7%（图10－

2）；在商品林中，经济林占78.1%，用材林占15.9%，薪炭林占6.0%（图10-3）。

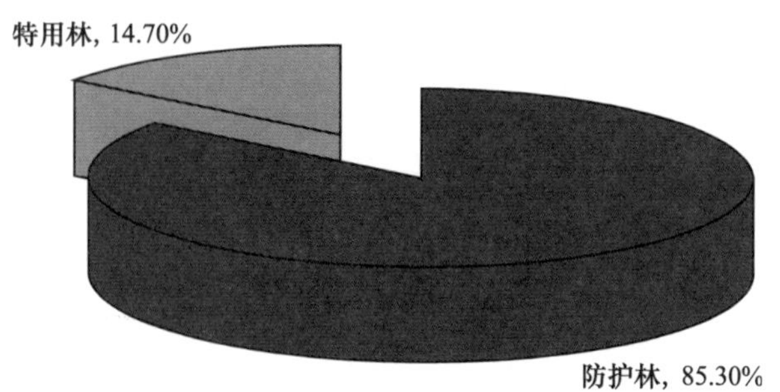

图10-2　公益林构成图

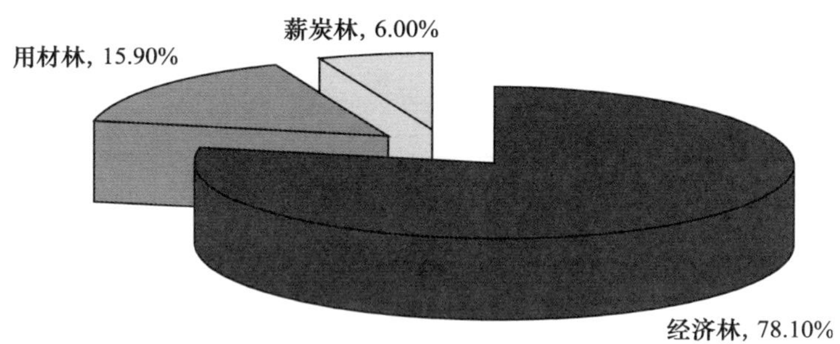

图10-3　商品林构成图

因此，从林种划分来看，公益林所占的比重较大，充分体现了北京林业是以改善首都生态环境为首要任务的建设宗旨。但随着社会经济的发展，北京正逐步迈向国际化大都市，从北京城市的特性和对生态环境建设的要求来看，公益林的比重还会继续加大，商品林的比重在下调。

10.1.2　林龄结构

在林龄结构中，幼龄林面积占森林总面积的61.8%；中龄林占23.1%；近熟林占9.2%；成过熟林占1.2%（图10-4）。

因此，在龄林构成中，幼龄林、中龄林在面积上占有较大的比重，近熟林、成熟林和过熟林三个龄组的比重较小。今后，应加强中幼林的

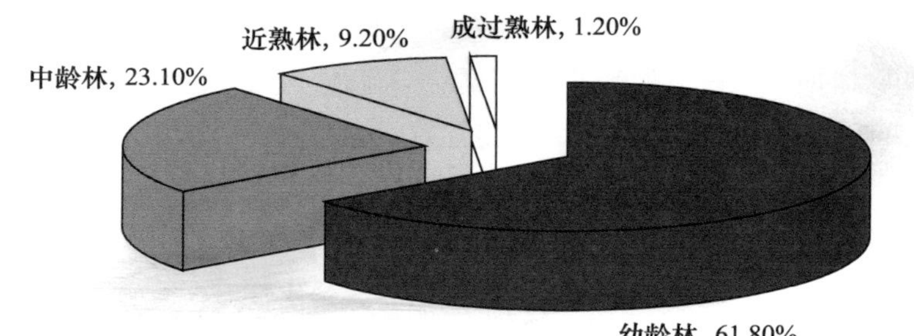

图10－4　北京森林林龄构成图

抚育工作，提高林分质量，促进城市森林的生态功能的发挥。

10.1.3　树种结构

北京市的森林按各树种所占的比重划分：优势树种（组）包括柞树、油松、侧柏、杨树、阔叶树、山杨、刺槐、桦树、落叶松等，具体所占面积比例见表10－1。

表10－1　北京市森林的树种构成表

主要优势树种	柞树	油松	侧柏	杨树	阔叶树	刺槐	山杨	桦树	落叶松
所占面积比重（%）	28.6	18.7	16.7	11.6	8.0	5.7	5.1	3.1	2.5

因此，北京市的优势树种主要为柞树、油松、侧柏、杨树和一些阔叶树。树种相对单调，物种多样性低。

10.1.4　森林资源结构存在的问题

从北京市森林资源的统计可以看出，森林资源的结构主要存在下列问题：

（1）从空间来看，森林的分布很不均匀，主要集中在西部和北部山区，森林面积占北京市森林总面积的75%，而人口相对集中的城区、平原区的森林资源明显不足。这在很大程度上限制了北京市森林生态效益的发挥。

（2）从林种来看，主要优势树种为柞树、油松、侧柏、杨树和一些阔叶树种，树种相对单一，林分质量不高，人工林也大多数为低矮的单层林结构，物种多样性低，稳定性差，容易爆发大规模的病虫灾害。

（3）从林相构成看，有林地和灌木林两种主要城市森林类型变化剧烈，灌木林的比例从2000年开始大幅上升；相比之下，有林地面积在大幅减小。表明城市森林受到城市化的影响比较大，人为活动已经严重对城市森林的林相产生了干扰。

10.2　森林风险影响因素识别的指标体系

城市森林的风险影响因素相对于一般森林来说，与城市活动更紧密相关，与人的关系更密切，受城市不利的环境影响更大。北京市森林主要的生态风险是火灾、病虫害和人为干扰。

10.2.1　主要风险影响因素识别

10.2.1.1　森林火灾

城市森林火灾的发生应具备一定的条件，要有森林可燃物、火源、气候条件。影响森林火灾的气候因素包括：①空气湿度。森林能否发生火灾，在没有人为干预时就主要取决于气候条件，也就是通常所说的火险天气。当森林中积累了一定数量的可燃物并且具备了引起森林火灾的天气条件时，森林火灾的发生关键就取决于火源。这些因子就成为识别火灾风险的主要数据来源。相对湿度与森林火灾次数之间存在着显著的负相关，湿度愈大火灾发生次数愈少。湿度大小，不仅直接影响到可燃物的干湿程度，而且随着湿度的减小可燃物的干燥速度不断加快。试验和分析证明，空气湿度小于60%时，就有发生森林火灾的可能，当相对湿度在35%～50%之间时火灾发生次数较多。但是，空气湿度并不是唯一的决定因素，在久旱无雨、植被非常干燥的情况下，有时空气湿度虽然较大，也同样可能引起火灾。②气温。气温与森林火灾关系密切而复杂。随着气温的升高，一方面使地被物所含水分大量蒸发，变干易燃，且提高了可燃物本身的温度，减少了可燃物燃烧时所需要的热量，增加了森林火灾的危险性。③风。风可以加大地被物的水分蒸发使地被物变得更加易燃。着火后风起到了加氧助燃的作用使火灾很快的扩散和蔓延。发生火灾时，当风速大于2.5m/s时，火灾蔓延开始加大（岳金柱等，2006）。

除了气候因素外，影响城市森林火灾的发生还有地形条件，如坡度、坡向、坡位、海拔、河流湖泊的相对位置等对于火灾的发生、蔓延有直接影响。

城市森林火灾的相关影响因素还包括植被类型，如树种、林相、郁闭度等，这是城市森林本身的生态属性，例如有的树种可燃点低，易于发生火灾，林间稀疏易于火灾蔓延等。

城市森林消防状况对城市森林火灾的发生发展有直接的影响，直接关系城市森林防火的监控力度和控制能力。而经济社会状况等因素间接地影响城市森林火灾的发生，当经济条件好，林业上投资资金充足，防火投入也会增大，防火工作及相关设备的配备会做的更好。而社会状况例如人们的精神文明水平的提高，保护森林、保护环境的意识增强，也会减小城市森林火灾发生的几率。

10.2.1.2　病虫鼠害

影响病虫鼠害的自然因素主要是：①城市森林生态系统完整性。如果城市森林生态系统不完整，系统内部由于缺乏对外来入侵种的自然控制机制，抵抗外来入侵的能力较弱，而不连续的城市森林结构不仅增大了城市生态系统的不稳定性，也为外来生物的入侵和大规模病虫鼠害爆发提供可乘之机。②城市森林的栽培和管理。若出现违背自然规律的绿化工程，如栽培单一品种，且大密度栽植，从而使系统调节能力差，导致单一针对性的灾害如病虫鼠害严重发生；而且这些单一灾害极易传播其它生物灾害，如由害虫、老鼠携带和传播的许多难以防治的疾病；同时，为了达到美化城市的效果，不惜资金引进外来树种时极易引入外来生物，造成危害；随着城市建设步伐的加快，频繁的更换树种，导致病虫鼠害问题突出。③病虫鼠害自身性质的变化。一方面恶劣的城市环境

和相对简单的植物组成与结构，对病原微生物和其他有害生物造成很大的选择压力，最终导致有害生物发生变异，以适应不断变化的环境及其植物。另一方面，抗病虫植物新品种、化学农药、生物农药的大量使用，诱导有害生物发生变异或者增强对环境的适应性（勒爱仙、田呈明、赵鹏，2006）。

同时，城市生态系统的开放性使城市与外界的联系密切，这也会导致了外来物种入侵及传播的风险进一步加大。其次，在城市中，环境因素为入侵生物创造了很好的繁衍子代的条件，如城市中的热岛效应造成冬季市内温度偏高，给生物个体顺利越冬创造了良好条件，造成来年有害生物的繁殖基数大，灾害大面积严重发生；城市热岛造成环境波动较大，如植被周围建筑覆盖面积较大，造成环境干燥，温度、光照变化较剧烈、通风不畅等，这些都对植物生长不利，造成植物生长缓慢、细弱，抵抗病虫害的能力降低。而且，北京城市经济的快速发展，环境污染（包括生活垃圾、企业排污、汽车尾气、三废等污染）也在增长，环境污染以及城市的其它恶劣的生长条件对植物生长的胁迫，从而对灾害的抵抗能力降低，易受原有及外来有害生物的侵害。

近年来，林业部门对城市森林病虫鼠害等生物灾害的重视和相关政策的支持，对于生物灾害的防范大力投资，一定程度上减少了森林生态风险的发生概率。而城市经济发展水平间接影响生物灾害防护的投资力度。城市林业的发展水平也影响了城市森林的经营管理水平和对病虫鼠害等的防范政策和投资力度。

10.2.1.3 人为干扰胁迫的影响

城市森林摆脱不了乱砍滥伐、毁林开荒、林区内工程建设等人为破坏的影响，这种影响与人们的素质和经济发展有很大关系。

另外，经营管理不善给城市森林也带来很大的损失，包括营林、护林的水平等。随着经济的发展，人民生活水平的提高，城市中汽车保有量不断增加，空气污染越来越严重，环境污染对林木生长的影响越来越明显，因而也是构成人为干扰胁迫的一个方面。

政策也是城市森林人为干扰胁迫中影响显著的因素。城市森林政策的变动必然给森林经营带来影响，这种影响有正面的也有负面的。城市森林的生产经营活动必然面临着政策风险。尤其是一些山区城市，森林也在很多地方分山到户，分散经营，造成经营、管理的困难。

城市森林是经济效益、生态效益和社会效益兼备的区域资源集合体。近年来，房地产开发已成为森林的潜在威胁。以北京为例，在过去一两年中，北京城市森林集中的地方遭受了房地产开发商的大肆蚕食，如地产开发商早已大手笔在香山肆意侵占。随着高收入人群的增加以及他们对真正自然环境的渴望，北京好几个国家级的森林公园周边成为房地产开发商的众矢之的。因此，城市森林、绿地面积被占用，或者有林地改为灌木林地等，是经济发展过程中主要的人为干扰胁迫影响。

10.2.2　风险影响因素识别框架

10.2.2.1　因素确定的原则

风险因素识别就是对影响城市森林的各个风险因素的表述和度量。这些因素之间相互联系、相互补充。在选择每一个影响因素时，主要遵循以下4个原则：

（1）可操作性。为了保证因素数据易于获取，要充分利用现有的各种统计资料，筛选相关评价指标。

（2）典型性。所选取的评价因素应当少而精。

（3）可比性。要求各个评价因素的概念准确，内涵、外延清楚，口径统一。

（4）系统性。各评价因素能够比较全面、完整地反映评价的内容。

除上述原则之外，还应考虑定量与定性相结合、动态与稳定性相结合等。

10.2.2.2　因素识别的框架

城市森林风险的影响因素主要包括自然影响因素、社会经济影响因素和人为干扰胁迫影响因素等。这些因素互相作用，互相联系，组成一个有机整体。城市森林风险因素识别的框架如图10－5所示。

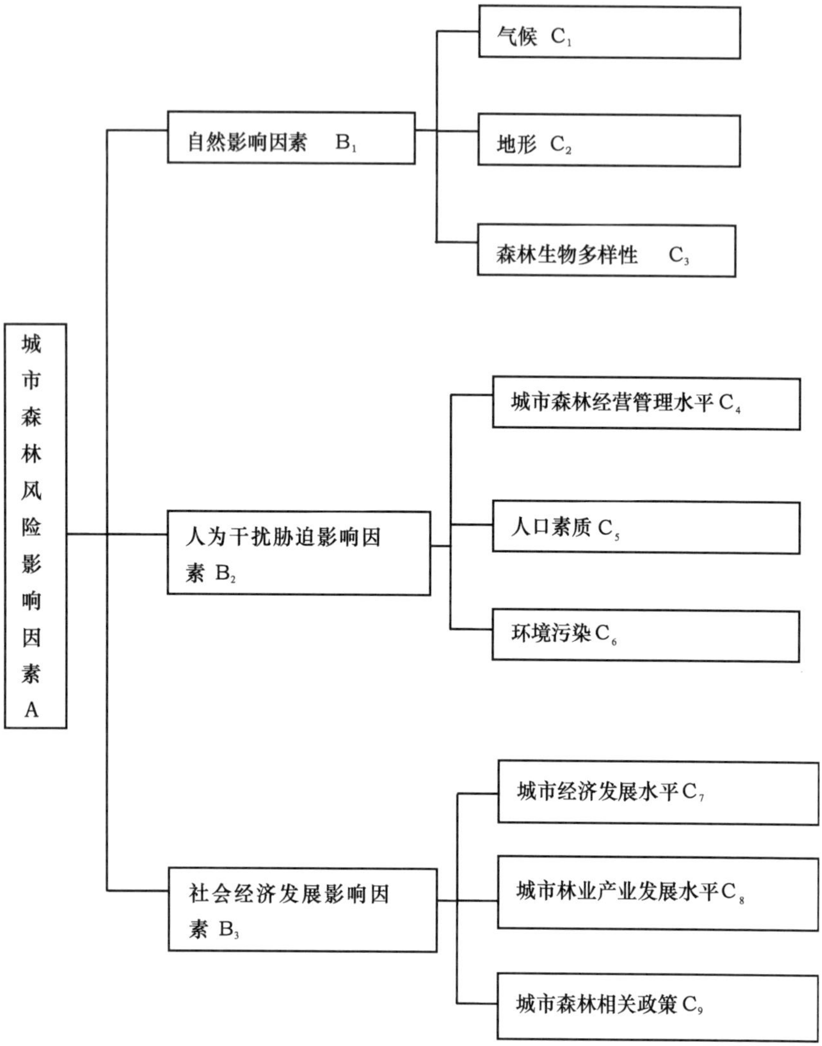

- 城市森林风险影响因素A
  - 自然影响因素 B_1
    - 气候 C_1
    - 地形 C_2
    - 森林生物多样性 C_3
  - 人为干扰胁迫影响因素 B_2
    - 城市森林经营管理水平 C_4
    - 人口素质 C_5
    - 环境污染 C_6
  - 社会经济发展影响因素 B_3
    - 城市经济发展水平 C_7
    - 城市林业产业发展水平 C_8
    - 城市森林相关政策 C_9

图 10－5　城市森林风险影响因素识别框架

10.3　北京市森林风险影响因素权重的计算

根据上述确定的城市森林风险影响因素的识别框架，特采用层次分析法（Analytical Hierarchy Process，AHP）确定北京市森林风险影响因素的大小。

首先，采用专家打分法，选择有关专家对北京市森林风险影响因素进行打分，构造的判断矩阵如下：

矩阵 A－B：

A	B_1	B_2	B_3
B_1	1	2	1
B_2	0. 5	1	0. 33
B_3	1	3	1

矩阵 B_1－C：

B_1	C_1	C_2	C_3
C_1	1	6	5
C_2	0. 167	1	0. 5
C_3	0. 2	2	1

矩阵 B_2－C：

B_2	C_4	C_5	C_6
C_4	1	4	5
C_5	0. 25	1	2
C_6	0. 2	0. 5	1

矩阵 B_3－C：

B_3	C_7	C_8	C_9
C_7	1	0. 5	1
C_8	2	1	2
C_9	1	0. 5	1

其次，采用方根法对判断矩阵进行归一化处理，输入 Matlab 计算得：

(1) 矩阵 A－B

特征根 $\lambda_{max} = 3.0180035$

特征向量：

(0.632332, 0.276114, 0.723821)

进行矩阵一致性检验：

$CI = \frac{\lambda_{max} - n}{n-1} = 0.00900175$，$CR = CI/RI = 0.0155202 < 0.10$，一致性检验通过。

计算得，因素 B_1，B_2，B_3 对应的权重为：

(0.387395, 0.16916, 0.443445)

因此，在北京城市森林风险影响因素中，社会经济因素占 44.34%，自然因素占 38.74%，而人为干扰胁迫因素占 16.92%，相对较弱。

(2) 矩阵 B_1－C

同样，计算特征根 $\lambda_{max} = 3.029854$

特征向量：(0.964023, 0.135625, 0.22861)

$CI = \frac{\lambda_{max} - n}{n-1} = 0.014927$，$CR = CI/RI = 0.0257362 < 0.10$，一致性检验通过。

由此计算的因素 C_1，C_2，C_3 对应的权重为：

(0.725777, 0.102107, 0.172116)

由此可见，在自然影响因素中，气候因素占 72.58%，地形因素占 10.21%，而森林生物多样性因素占 17.21%。

(3) 矩阵 B_2－C

特征根 $\lambda_{max} = 3.0245951$

特征向量：(0.947138, 0.276945, 0.161958)

$CI = \frac{\lambda_{max} - n}{n-1} = 0.012298$　$CR = CI/RI = 0.02120267 < 0.10$，一致性检验通过。

因此，因素 C_4，C_5，C_6 对应的权重为：

(0.713065，0.208501，0.121932)

即在人为干扰胁迫影响因素中，城市森林经营管理因素占 71.31%，人口素质占 20.85%，而环境污染占 12.19%。

(4) 矩阵 B_3-C

特征根 $\lambda_{max}=3$

特征向量：(0.408248，0.816497，0.408248)

$CI=\frac{\lambda_{max}-n}{n-1}=0$，$CR=CI/RI=0<0.10$，一致性检验通过。

由此计算得，因素 C_7，C_8，C_9 对应的权重为：

(0.307355，0.61471，0.307355)

因此，在社会经济发展影响因素中，城市经济发展水平因素占 30.74%，城市林业发展水平因素占 61.47%，而城市森林相关政策占 30.74%。

最后，进行层次总排序为（表 10－2）。

表 10－2　层次总排序及影响因素相对重要性表

层次 B	B_1	B_2	B_3	层次总排序	因子相对重要性
层次 C	0.387	0.169	0.443		
C_1	0.726			0.281	
C_2	0.102			0.040	自然影响因素占 38.7%
C_3	0.172			0.067	
C_4		0.713		0.121	
C_5		0.209		0.035	人为干扰胁迫影响因素占 17.6%
C_6		0.122		0.021	
C_7			0.307	0.136	
C_8			0.615	0.273	社会经济影响因素占 54.4%
C_9			0.307	0.136	

针对 C 层总排序结果，计算的随机一致性比率为：

$CR=(b_1CI_1+b_2CI_2+b_3CI_3)/(b_1RI_1+b_2RI_2+b_3RI_3)=0.013543<0.10$

因此，认为层次总排序结果具有一致性。即，C 层次中气候、城市

林业发展水平、城市森林相关政策、城市经济发展水平、城市森林的经营管理水平是影响总目标 A 的权重较大的因素，它们的权重值分别为 0.281、0.273、0.136、0.136 和 0.121，具体如图 10－6 所示。

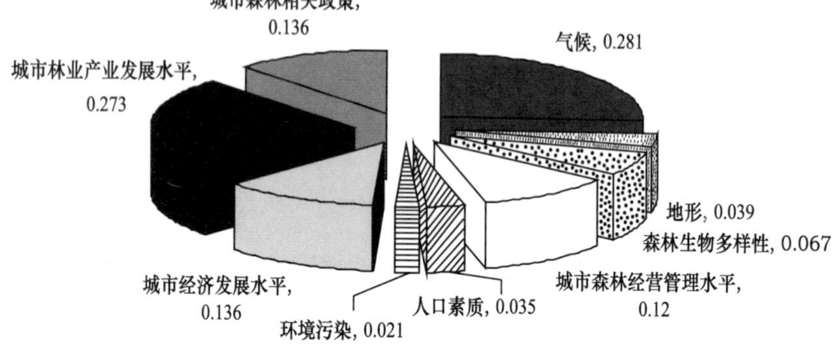

图 10－6　城市森林各类风险因素的权重

由上述评价结果可以看出，在北京市森林风险影响因素中，最主要的影响因素是社会经济的影响，各因素的权重都在 10% 以上。其次，是自然的影响因素，权重占 38.7%；最后，是人为干扰胁迫的影响因素，权重占 17.6%。因此，在森林风险防范中，应把社会经济和自然的影响因素作为重点来抓，以提高风险管理的效率。

10.4　森林风险影响的定量分析

10.4.1　数学模型及方法

Logistic 模型在灾害风险概率、流行病学中常被用于探索某灾害或者疾病发生的危险因素，并根据危险因素预测某疾病或灾害发生的概率。Logistic 回归的主要用途：一是寻找危险因素；二是预测，根据已经建立的 Logistic 回归模型，预测发生灾害的概率有多大；三是判别，主要是根据 Logistic 模型，判断某种状态属于致灾状态的概率有多大，也就是看一下在这种情形有多大的可能性构成某种灾害。

10.4.1.1　Logistic 模型的统计思想

Logistic 回归是一种预测具有两分特点的因变量概率的回归方法。

Logistic 曲线是一个概率模型，模型的因变量变化范围在 0 和 1 之间。Logistic 函数的概率值被限制在（0，1）之间。上限 $p=1$ 和下限 $p=0$ 都是水平渐近线，实际上无论参数和自变量如何变化，函数值都不会达到上限点或下限点（林震岩，2007）。在 Logistic 函数中，x 泛指任意一个自变量，函数定义为：

$$p=\frac{1}{1+\exp\left[-\left(a+bx\right)\right]}$$

上式有两个重要的参数：第一个是 b，第二个是 $-a/b$。从图 10－7 与图 10－8 中两个不同的 Logistic 曲线的比较可以看出，一般曲线呈现 S 形。分析时，若发现自变量与因变量的关系为这一形态时，即可利用 Logistic（或称 Logit）模型进行分析，其特性如下（郭志刚，2005）：

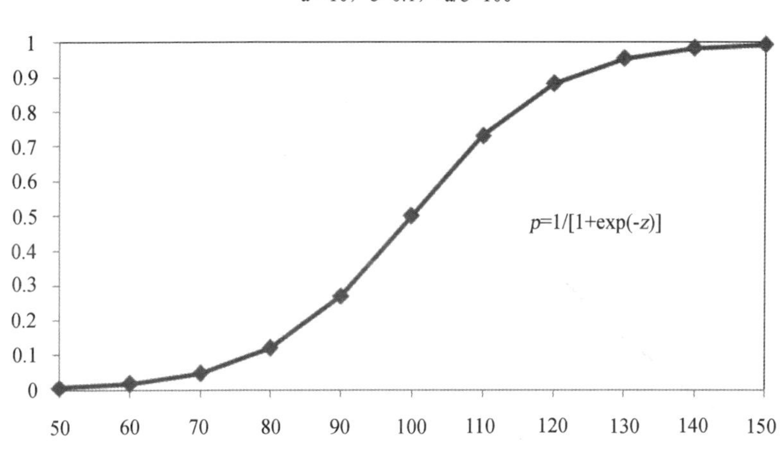

图 10－7　Logistic 回归曲线（一）

第一，当 b 为正时（图 10－7、图 10－8 中，$z=a+bx$），Logistic 函数会随 z 值的增加而增加（图 10－7）；当 b 为负时，Logistic 函数会

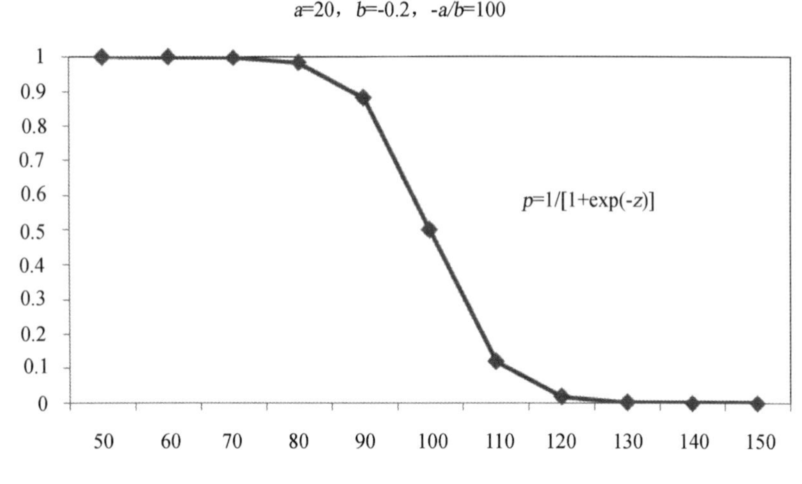

图 10－8　Logistic 回归曲线（二）

随 z 值的增加而减小（图 10－8）。因此，b 反映了自变量 z 与概率函数之间的对应关系。

第二，$-a/b$ 是曲线的中心，在这一点上概率函数值正好是 0.5，为概率函数值域的一半。函数以（$-a/b$，0.5）为中心对称，在这一点上曲线的变化率最大，而距离这一点愈远，曲线的变化率愈小，在趋近函数的上限或下限时，曲线的变化率接近于零。

第三，当 b 的绝对值愈大时，曲线的中段上升与下降的速度愈快。一般分析中，Logistic 模式通过求得转折点来区分观测值是属于 0 或 1。

10.4.1.2　Logistic 概率函数的转换

实际上，在 Logistic 模型分析中，往往引入更多的自变量进行多变量分析。即多变量线性组合 $a + b_1x_1 + b_2x_2 + \cdots + b_kx_k$ 以 $\sum b_ix_i$ 表示，其中常数项 a 用 b_0 表示；x_0 恒等于 1，再令 $z = \sum b_ix_i$。于是，Logistic 概率函数可以表示为下式，且将分子和分母分乘一个 exp（z），可得到：

$$p = \frac{1}{1 + \exp\left[\sum b_ix_i\right]} = \frac{1}{1 + \exp(-z)} = \frac{\exp(z)}{1 + \exp(z)}$$

这是 Logistic 概率函数的常用表达式之一。上述公式经过一系列转换可得到：

$$\frac{p}{1-p} = \exp\ (z)\ = \exp\ (\sum b_i x_i)$$

等式两边取自然对数，可得到概率函数与自变量间的关系式如下：

$$\ln\left(\frac{p}{1-p}\right) = z = \sum b_i x_i$$

上式表示以自变量的非线性表达式表示的事件概率，可以转换为用自变量的线性关系式来表达的事件概率函数。在上述的线性公式中，可对有关事件概率的各种函数作以定义：事件发生的概率为 p；事件不发生的概率为 $1-p$；发生比（odds）$= \frac{p}{1-p}$，即

$$\text{Logit}\ p = \ln\frac{p}{1-p} = \sum b_i x_i$$

其中，发生比或称相对风险（relative risk），它是事件发生概率与不发生概率比。

当事件发生概率 P 进行 Logistic 函数转换后，就能将 Logit p 以自变量和回归系数以线性方式来表达。在 Logistic 回归中，由于假设事件发生的概率自变量间的关系是 Logistic 函数分布。这样一来，就可以有效地将回归因变量的值域限制在 0 - 1 之间，并随着自变量组合值 z 的变化而变化。

10.4.2　北京森林火灾概率模型

森林火灾是城市森林影响较大的风险因素。森林火灾的发生往往受自然、气候、人为因素等许多方面的影响，研究火灾的发生概率，对城市森林火灾的防控有重要的意义。

对北京森林火灾概率模型的研究，特选取 1998 ~ 2007 年森林火灾次数、火场总面积、受害森林面积、营林投资额、林业总产值、GDP、护林防火营林基本建设投资额等数据，采用概率单位回归进行分析。

1998 ~ 2007 年北京市森林火灾频次、受害面积统计如表 10 - 3，图

10－9所示。

表10－3　1998～2007年北京市森林火灾频次、受害面积统计表

年份	合计	森林火警	一般火灾	重大火灾	特大火灾	火场总面积（hm^2）	受害森林面积（hm^2）	林业产值（万元）
1998	8	7	1	0	0	67	6	167450.0
1999	11	9	2	0	0	54	10	241933.0
2000	40	33	7	0	0	547	99	303863.0
2001	7	5	2	0	0	153.9	52.9	361392.0
2002	5	4	1	0	0	32	15.1	469127.0
2003	4	4	0	0	0	6.5	1.2	552916.0
2004	11	4	7	0	0	101.7	43.6	632028.0
2005	11	10	1	0	0	37	8	441105.0
2006	13	10	3	0	0	86.1	54.6	445695.0
2007	6	6	0	0	0	42	2	619221.0

资料来源：《中国林业统计年鉴》1998～2007。

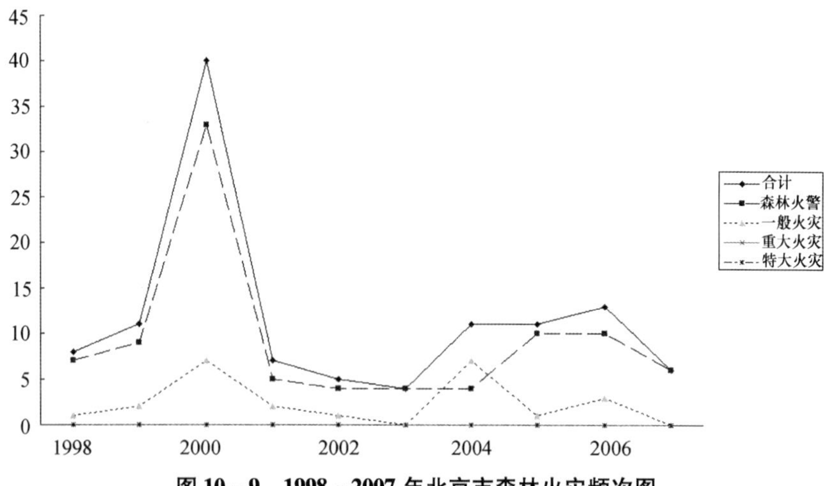

图10－9　1998～2007年北京市森林火灾频次图

首先，选择森林火灾为响应变量，森林火灾火警总频数为总观测变量，林业产值为因素变量，进行概率单位回归，计算的模型参数如表 10－4、表 10－5、图 10－10。

表 10－4　计算的模型参数表

```
* * * * * * * * * * * * PROBIT ANALYSIS * * * * * * * * * * * *
Parameter estimates converged after 19 iterations.
Optimal solution found.
Parameter Estimates [PROBIT model: (PROBIT (p)) = Intercept + BX]:
                 Regression Coeff.   Standard Error     Coeff. /S. E.
林业产值          2. 14604            0. 95942           2. 23682
                 Intercept           Standard Error     Intercept/S. E.   火灾
                 -20. 11021          520053. 62564      -0. 00004          0
                 -12. 66790          5. 33670           -2. 37373          1
Pearson  Goodness - of - Fit  Chi Square  =5. 597    DF =7    P =0. 587
         Parallelism Test Chi Square  =0. 000        DF =1    P =1. 000

Since Goodness - of - Fit Chi square is NOT significant, no heterogeneity
factor is used in the calculation of confidence limits.
```

表 10－5　观测与期望频数表

Observed and Expected Frequencies

火灾	林业产值	Number of Subjects	Observed Responses	Expected Responses	Residual	Prob
0	5. 74	4. 0	0. 0	1. 381E -014	-1. 381E -014	3E -015
0	5. 79	6. 0	0. 0	4. 748E -014	-4. 748E -014	8E -015
1	5. 22	8. 0	1. 0	0. 580	0. 420	0. 07253
1	5. 38	11. 0	2. 0	1. 458	0. 542	0. 13258
1	5. 48	40. 0	7. 0	7. 343	-0. 343	0. 18357
1	5. 56	7. 0	2. 0	1. 607	0. 393	0. 22957
1	5. 67	5. 0	1. 0	1. 548	-0. 548	0. 30957
1	5. 80	11. 0	7. 0	4. 545	2. 455	0. 41322
1	5. 64	11. 0	1. 0	3. 186	-2. 186	0. 28962
1	5. 65	13. 0	3. 0	3. 808	-0. 808	0. 29293

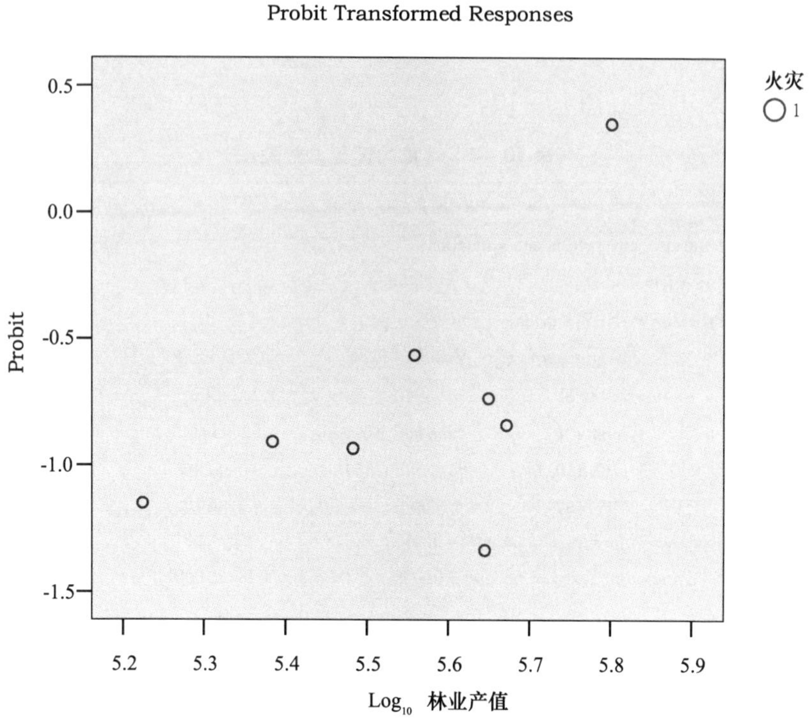

Probit Transformed Responses

火灾
1

Probit

0.5
0.0
-0.5
-1.0
-1.5

5.2 5.3 5.4 5.5 5.6 5.7 5.8 5.9

Log_{10} 林业产值

图 10－10　散点图

其次，进行结果分析。由表 10－4 可以看出：Pearson 拟合优度的卡方检验的显著性水平为 0.587，即方程对数据的拟合优度是满意的。同时，平行测试的 *P* 值＝1.00，大于 0.05，接受两条直线互相平行的假设。

表 10－5 为观测与期望值的数据，总体上残差比较小。图 10－10 为概率与取对数后林业产值的散点图，可以看出火灾概率和取对数后林业产值有一定关系。因此，存在最佳概率单位回归模型。

最后，得出北京森林火灾概率单位回归模型为：

（1）不发生火灾的概率单位回归模型 *Probit*（*p*）＝－20.11＋2.15·［Log_{10}（林业产值）］

（2）发生火灾的概率单位回归模型 *Probit*（*p*）＝－12.67＋2.15·

[Log_{10}（林业产值）]

10.4.3　北京森林病虫鼠害概率模型

病虫鼠害也是城市森林主要的风险影响之一。近年来，北京城市森林病虫鼠害的发生面积有不断扩大的趋势（表 10－6），病虫鼠害的发生面积由 1998 年的 21 810hm^2 上升到 2007 年的 37 714 hm^2，年均增长 6.27%（图 10－11）。

表 10－6　北京森林病虫鼠害发生面积

年份	发生面积（hm^2）			
	合计	轻度	中度	重度
1998	21810	10390	6940	4470
1999	20690	8400	7870	4420
2000	22310	9740	8600	3970
2001	27210	17810	8870	530
2002	29655	17587	9793	2275
2003	33444	24993	5792	2659
2004	35587	29333	5707	547
2005	36027	31927	3627	473
2006	37334	34000	2667	667
2007	37714	35134	2280	300

资料来源：《中国林业统计年鉴》1998～2007。

选取营林建设投资额（万元）为自变量 X，森林病虫鼠害发生面积（hm^2）为因变量，并计算发生的概率 P，采用 Logistic 概率回归，计算的结果如表 10－7。

表 10－7　北京森林病虫鼠害发生总面积 Logistic 概率回归计算结果

回归系数	估计值	标准误差	z 值	$Pr(>\|z\|)$
(Intercept)	-1.974e-01	5.898e-03	-33.48	<2e-16
x	-5.108e-04	3.621e-06	-141.05	<2e-16

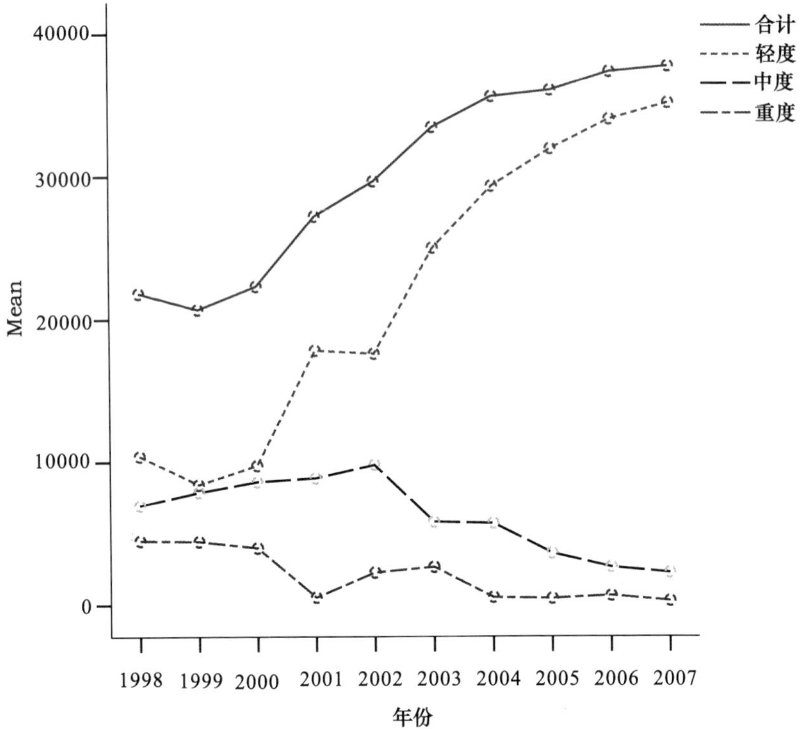

图 10-11　北京森林病虫鼠害发生面积图

由表 10-7 可以看出，回归模型的系数均通过 0.05 的显著水平的检验，模型具有统计学意义。因此，1998～2007 年北京森林病虫鼠害的 Logistic 概率回归模型为：

$$P=\frac{e^{(-0.197-5.108\times10^{-4}x)}}{1+e^{(-0.197-5.108\times10^{-4}x)}}$$

10.5　结论及建议

本书采用 AHP 法对北京森林风险影响因素进行了识别，并采用概率回归模型和 Logistic 回归模型对北京市森林火灾和病虫鼠害的发生概率进行了研究。研究表明：

(1) 在北京城市森林风险影响因素中，社会经济因素影响最大，占 54.4%，自然因素占 38.7%，而人为干扰胁迫因素占 17.6%，相对较弱。因此，在北京森林风险防控中，要主抓社会经济的影响，其次要监控好自然因素变化的影响，使森林风险的损失减小到最小。

(2) 研究也对北京森林火灾概率单位回归模型进行了分析。即北京森林发生火灾的概率单位回归模型为 Probit（p） = −12.67 + 2.15 ·（Log_{10}（林业产值））。表明森林火灾的发生与林业产值有一定的关系，建议在进行林业生产的同时，加强森林火灾的防治。

(3) 研究同时也表明，1998 ~ 2007 年北京森林病虫鼠害存在 Logistic 概率回归模型。并且病虫鼠害发生概率与营林建设投资总额有一定关系。因此，要加强营林基本建设投资，防止病虫鼠害的发生。

总之，城市森林风险评价的目的是为城市森林的风险管理服务。在风险管理中，首先要从社会经济影响因素出发，减小风险的发生。其次，应协调好城市经济与城市森林发展的关系，加强城市森林基础设施建设，减少有关灾害的发生。最后，还应提高城市森林管理人员的业务水平，加强森林保护的宣传力度，提高民众的森林保护和风险危害的意识，促进城市森林稳定、持续的发展。

第11章 井冈山市森林游憩价值评价研究①

井冈山是我国十佳旅游胜地之一，森林旅游发挥了重要的作用。本章研究表明：2008 年，井冈山森林游憩经济总价值为 12.59 ~ 18.92 亿元。其中，森林游憩利用价值为 5.06 ~ 6.60 亿元，遗产/选择价值为 3.46 ~ 5.49 亿元，存在价值为 4.07 ~ 6.83 亿元。研究还表明：游客的年收入、旅行费用、游览频率对支付意愿有显著影响。其中游客的年收入对选择/遗产价值的支付意愿影响显著，对保护游憩资源永续存在的支付意愿影响较弱。这些研究结果与国内外的有关研究结果一致，对促进井冈山森林游憩的发展有重要意义。

森林游憩是城市森林的一个重要功能。波兰的研究表明，城市森林游憩的平均消费者剩余为 71.53 美元/人·次，森林游憩并进行野外宿营的消费者剩余为 179.89 美元/人·次，森林游憩观光的消费者剩余为 253.61 美元/人·次（Jeffrey Englin and Robert Tmendelsohn，1991）。因此，对城市森林的游憩价值进行研究，对加强城市森林游憩的管理，促进城市森林游憩的发展有重要的意义。

11.1 井冈山市森林游憩概况

井冈山位于江西省吉安市西南部，是“首批国家重点风景名胜区”、“中国旅游胜地四十佳之一”、“中国优秀旅游城市”、“国家 5A

① 北京林业大学经济管理学院杨志耕同学参加了本章的大量研究工作，在此表示衷心感谢。

级景区”和“国家级自然保护区”。井冈山是一个自然风光十分秀美的地方，风景区崖峭壁险，谷深壑幽，峰峦似浪，嶂岫如波，集雄、险、秀、幽、奇于一身，是一个理想的旅游疗养避暑胜地。井冈山风景区面积 261.43km^2，分为 11 个景区，76 处景点，460 多个景物景观。既有气势磅礴的云海、奇妙独特的飞瀑、瑰丽璀璨的日出、蜚声中外的十里杜鹃长廊，又有保存世界同纬度最完好的 7000hm^2 次生林。景区内植物 3800 余种，珍禽异兽 1108 种，被称为“天然动植物园”。这里无污染，无噪音，森林覆盖率达 86%，每立方厘米空气中含负氧离子数超过 8000 个，水口等风景区负氧离子超过 20 000，是“天然氧吧”。井冈山是一座融革命遗迹、自然风光、田园景色于一体的新型山岳风景名胜区，丰富的人文景观和优美的自然风光交相辉映。近些年来，井冈山森林旅游市场快速发展，旅游收入以年 40% 的速度增长，在原有的“红色旅游”基础上又推出了“绿色旅游”、“生态旅游”等，2008 年游客人数为 370 万，旅游总收入 26 亿元。

11.2　森林游憩价值评价模型的选择

目前，世界上最流行的游憩价值评估方法是旅行费用法（TCM）和条件价值法（CVM）。前者主要利用游客的费用支出情况建立游憩服务的需求曲线，并求出消费者剩余，进而，计算森林游憩价值中的利用价值。后者是在假想的市场情况下，通过直接调查和询问游憩者或公众对森林景区内环境改善或资源保护措施等的支付意愿（WTP）或对游憩环境或资源质量损失的接受赔偿意愿（WTA），以人们的 WTP 或 WTA 来估算森林的游憩价值，它不仅适用于景区利用价值的评估，也适用于非利用价值的评估。另外，TCM 计算的是马歇尔消费者剩余，CVM 计算的是希克斯消费者剩余，二者理论基础不同（罗杰·珀曼，马越，詹姆斯·麦吉利夫雷，2002）。但由于 CVM 可以直接调查消费者的支付意愿，它被誉为环境效益评价领域最重要、最流行、最广泛使用和最有发展前途的评估方法（于洋，王尔大，刘爱玲，2009）。本研究主要选择 CVM 方法来评估井冈山森林游憩的价值。

11.2.1 CVM评价的步骤

CVM方法评价的步骤一般是（贺征兵、吉文丽、胡淑萍等，2008）：

（1）设计假设方案

目的是为了模拟一个令受访者感到真实的环境物品交易市场，包括准备描述环境物品的性质和数量、供给机制、确定采用WTP还是WTA、并确定有关支付或补偿手段。

（2）选择引导支付意愿的方式

在问卷设计中有多种不同的意愿调查方式，分开放式问卷和封闭式问卷两大类，具体又分为（于雯雯，2008；刘亚萍，金建湘，潘晓芳，2005）：A、直接提问法，即直接询问受访者的支付意愿；B、投标博弈法，即首先询问受访者是否愿意为某环境物品支付X元，若愿意则选择X值，直到回答不愿意。反之亦然，最后得出最高支付意愿值；C、支付卡法，即让受访者在一个支付卡上选择一个最高支付数值或支付区间；D、二分式选择法，即询问受访者对某一数值是否愿意支付，或是否是最终的支付结果，并通过离散函数建立支付意愿的参数模型。

（3）抽样调查

选择调查方式，通过面访、电话访问或邮件访问进行调查。正式调查前一般需要进行预调查，以改进问卷设计。

（4）分析调查结果

利用样本数据计算总体的平均WTP，进而求出总价值，并进行敏感性分析。

11.2.2 评价的模型

选择不同的意愿调查方式就会有相应的数据计算模型与之对应。本研究选择支付卡方式，并选择非参数模型计算平均WTP。假设WTP符合某种概率分布，则存在累计密度函数$F(z)$和对应的生存函数$S(z) = 1 - F(z)$，如图11－1所示（Bateman I J, Carson R T, Day B, et al , 2002）。

*WTP*均值是指样本*WTP*的均值，即图11－1中的阴影部分。

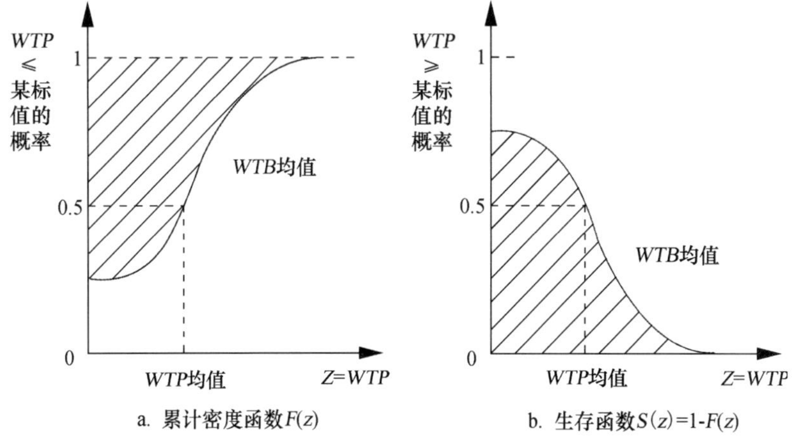

图 11－1　WTP 分布的累积密度函数和生存函数示意图

$$WTP = \int_0^\infty (1 - F(z)dz) = \int_0^\infty S(z)d(z)$$

WTP 中值是指累积概率为 50% 的 *WTP* 值，即：

$$\dot{WTP} = F^{-1}(0.5) = S^{-1}(0.5)$$

以 *WTP* 均值或 *WTP* 中值为平均数，乘以总旅游人数（人次）即可得到森林游憩总价值。

11.3　问卷设计及抽样调查

11.3.1　问卷设计

本研究的调查问卷主要包括以下几部分：第一部分：游客旅行基本情况；第二部分：支付意愿；第三部分：个人概况。第一部分主要是游客出发地、旅行方式、费用支出、目的地、旅行时间等旅游的基本情况。第二部分为 WTP 意愿调查的内容，主要包括：①利用价值，“为了享受这里的自然风景，您此次旅游最多愿意支付多少钱（购买一张门票）”。这里强调针对自然风景，将风景名胜区的人文景观剔除掉，保证游客回答的意愿是为了森林景观游览的目的支付的费用；②遗产/选择价值，“为了以后让您及子孙后代也能够享受这里的风景，您愿意每

年支付多少钱”，在此强调不管是为了自己今后还是子孙后代都能够继续享受这里的森林自然景观，为了森林游憩价值的以后使用（吴亚东，殷平，2009）；③存在价值，即“为了保存这里的野生动植物的生存环境，您愿意每年支付多少钱”。支付意愿选择采用区间数据，即：0（拒绝支付）、1～50 元、51～100 元、101～150 元、151～200 元、201～300 元、301～400 元、400 元以上。问卷第三部分包括性别、年龄、所在单位平均年薪、职业、受教育程度等。年龄和年薪采用开放式问答，职业和受教育程度采用封闭式问答。

11.3.2 抽样调查

调查主要采用随机抽样和面对面访谈的形式。针对旅行团，如果规模在 10 人以下，只抽取 2～3 人进行调查；10～20 人，抽样 3～5 人进行调查；并且随着旅行团规模增大适当增加访问样本的数量。在预调查的基础上，研究小组在井冈山的水口、龙潭、黄洋界等自然风景区发放调查问卷 109 份，其中有效问卷 102 份，有效率为 93.58%。调查时，先由调查人员口头描述井冈山风景名胜区的概况，假想的交换市场和支付方式，例如，如果我们成立一个独立并接受公众监督的基金会，来保护这里的森林生态系统，您愿意每年支付多少钱。然后再询问受访者的支付意愿。因此，整个调查过程中的受访意愿和问卷有效率均比较高。

在调查中，研究小组只访谈了国内游客，并根据 2008 年旅游总人数与调查的 WTP，计算了井冈山森林游憩的价值。鉴于 2007 年江西省旅游收入中国外旅游收入仅占 3.2%，所以国外游客的 WTP 估计对整体井冈山森林游憩价值的评估的影响很小。因此，计算中，把国内游客的 WTP 作为游憩价值计算的 WTP，忽略了国外游客支付意愿的调查。

11.4 数据分析及游憩价值计算

11.4.1 游客基本情况统计

在调查的 102 份问卷中，男性占 69.61%，女性占 30.39%。从学历上看，游客中大专以上学历占 77%，其中本科学历占 38.24%，文化水平普遍较高。在旅游出发地中，广东、江西和北京的游客最多，分别占 33.3%、11.8% 和 11.8%，占所有游客的一半以上。在游客年龄构成中，20～29 岁、30～39 岁、40～49 岁的游客比例分别为 20.59%、29.41% 和 27.45%，中青年游客居多。在收入构成上，43% 的游客年收入在 2～4 万元，23% 的游客年收入在 2 万元以下，15% 的游客收入为 4～6 万元，整体处于中低收入水平。

11.4.2　游憩价值的计算

11.4.2.1　利用价值计算

首先，利用 SPSS 统计软件对利用价值的支付意愿进行频数分析，具体结果如表 11－1。

表 11－1　利用价值频数分析表

支付意愿（元）	频数	百分比（%）	有效百分比（%）	累积百分比（%）	生存函数 $S(z)$（%）
0	3	2.9	2.9	2.9	97.1
1～50	13	12.7	15.7	15.7	84.3
51～100	22	21.6	37.3	37.3	62.7
101～150	17	16.7	53.0	53.0	[illegible]
151～200	18	17.6	71.6	71.6	28.4
201～300	9	8.8	80.4	80.4	19.6
301～400	11	10.8	91.2	91.2	8.8
400 以上	9	8.8	100.0	100.0	0.0
合计	102	100.0	100.0		

将表 11－1 中生存函数的百分比转化为小数，并取每一支付意愿的上限，计算的生存函数值如表 11－2，并做散点图如图 11－2。

表 11－2　利用价值评估的生存函数值表

WTP	$S(z)$
0	0.971
50	0.843
100	0.627
150	0.461
200	0.284
300	0.196
400	0.088

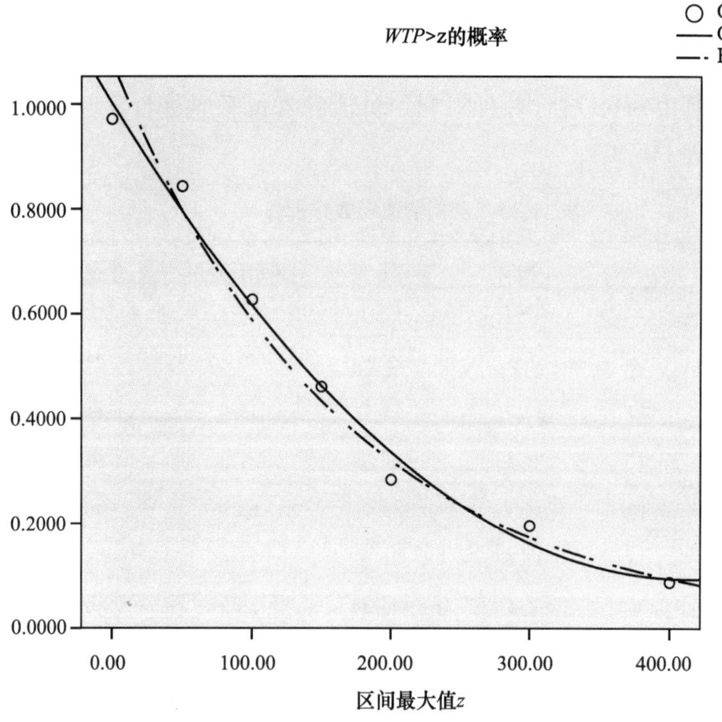

图 11－2　*WTP* 散点图

根据图 11－2 的散点图，可以推断出 *WTP* 区间最大值 z 的生存函数 $S(z)$ 大致为二次、三次曲线或指数函数，分别进行三个模型的回归，结果如表 11 -3。

表 11 -3 利用价值评估回归模型系数估计表

方程	模型概况					参数估计			
	R^2	F	df_1	df_2	Sig.	常数项	b_1	b_2	b_3
二次曲线	0.989	182.636	2	4	0.000	1.002	-0.004	5.30E-006	
三次曲线	0.989	93.446	3	3	0.002	0.996	-0.004	3.51E-006	3.03E-009
指数方程	0.987	393.105	1	5	0.000	1.080	-0.006		

上述三个模型，均通过 F 检验，说明三个模型的整体系数均不全为 0，模型有效。但是在方差分析中，三次曲线的二次项系数和三次项系数的 T 检验值分别为 0.647、0.81，均大于 0.05，说明这两个系数为 0。因此，三次曲线不适用于本研究。二次曲线和指数模型的系数的 T 检验值均小于 0.05，说明这两个模型适用于本研究。

另外，从图 11 -2 也可看出，在区间［0，400］之间，二次曲线拟合的结果与观测值更接近，因此，在此区间选择二次曲线比较合适。当区间 >400 时，指数方程更符合回归的要求，特选用指数方程。

因此，建立回归模型的分段函数为：

$$S(z)=\begin{cases}1.0017-0.0044z+0.0000053z^2 & (0\leqslant z\leqslant 400)\\ 1.0796\exp(-0.0061z) & (z>400)\end{cases}$$

当 $S(z)=0.5$，WTP 中值为 $z=136.77$ 元；平均 $WTP=\int_0^{400}S(z)dz+\int_{400}^{\infty}S(z)dz=162.76+15.60=178.36$ 元。

实际上，井冈山景区的门票价格为 156 元/人，介于 WTP 中值和均值之间，但是门票价格不仅包括森林自然景观和生态景观的“价格”，还包括人文景观，如革命遗址等的“价格”；而这里的 WTP 却是游客单纯为森林景观服务本身所愿意支付的金额，剔除了人文景观的价值。如果将门票价格按照森林景观和人文景观的消费者剩余各占一半计算的话，则每个游客的消费者剩余为 58.77 ~100.36 元。

按照 2008 年井冈山旅游人数 370 万人次计算，2008 年，井冈山森

林游憩利用价值为5.06～6.60亿元。

11.4.2.2 遗产/选择价值计算

同样，采用上述方法对森林游憩的选择/遗产价值进行评估，建立生存函数值表如表11－4：

表11－4 选择/遗产价值评估的生存函数值表

WTP	*S*（*z*）
0	0.922
50	0.647
100	0.461
150	0.373
200	0.235
300	0.157
400	0.088

作二次曲线和指数方程的曲线回归如表11－5。

表11－5 选择/遗产价值评估回归模型系数估计表

方程	模型概况					参数估计		
	R^2	*F*	df_1	df_2	*Sig.*	常数	b_1	b_2
二次曲线	0.987	155.826	2	4	0.000	0.885	－0.004	6.38E－006
指数方程	0.993	668.464	1	5	0.000	0.861	－0.006	

从表11－5中可以看出：指数方程回归结果比二次曲线更好，其R^2=0.993，大于二次曲线的拟合优度0.987。指数方程的F检验的显著性水平和各系数的T检验的显著性水平Sig.均趋近于0。因此，使用指数方程评估遗产/选择价值，并建立函数模型如下：

$$S(z) = 0.8609\exp(-0.0058z)$$

当$S(z)=0.5$，*WTP*中值为$z=93.60$元；*WTP*均值$=\int_0^{\infty} S(z)dz=$148.46元。因此，计算得到2008年井冈山森林游憩价值的遗产/选择价

值为 3.46 亿～5.49 亿元。

11.4.2.3　存在价值计算

同理，建立存在价值评估的生存函数值表如表 11－6：

表 11－6　存在价值评估的生存函数值表

WTP	S（z）
0	0.922
50	0.725
100	0.529
150	0.373
200	0.245
300	0.157
400	0.088

进行二次曲线和指数方程回归如表 11－7。

表 11－7　存在价值评估回归模型系数估计表

方程	模型概况					参数估计		
	R^2	F	df_1	df_2	*Sig.*	常数	b_1	b_2
二次曲线	0.996	532.030	2	4	0.000	0.923	－0.005	6.18E－006
指数方程	0.994	880.789	1	5	0.000	0.927	－0.006	

由表 11－7 可以看出，两个方程的 F 值和各系数的 T 值均通过检验，即具有统计学意义。但当 $0 \leqslant z \leqslant 400$，二次曲线拟合较好；当 $z > 400$，指数方程拟合较好。因此，建立存在价值评估的分段函数为：

$$S(z) = \begin{cases} 0.9231 - 0.0045z + 0.00000618z^2 & (0 \leqslant z \leqslant 400) \\ 0.9271\exp(-0.0060z) & (z > 400) \end{cases}$$

当 S（z）＝0.5，*WTP* 中值为 $z = 110$ 元；*WTP* 平均值 $= \int_0^{400} S(z) dz + \int_{400}^{\infty} S(z) dz = 170.47 + 14.12 = 184.59$ 元。因此，计算得到 2008

年井冈山森林游憩价值的存在价值为4.07亿~6.83亿元。

因此，计算的2008年井冈山森林游憩价值为12.59亿~18.92亿元（表11-8）。

表11-8 井冈山森林游憩价值估算表

利用价值	遗产/选择价值	存在价值	总价值
5.06亿~6.60亿元	3.46亿~5.49亿元	4.07亿~6.83亿元	12.59亿~18.92亿元

11.5 敏感性分析

针对上述回归结果，建立logistic回归模型对影响WTP支付意愿大小的因素进行敏感性分析。为有效利用样本数据进行回归分析，在较小的样本容量下，通过对WTP区间数据的转化，将有序logistic回归转化为二分类logistic回归。以WTP平均值或代表值为分界点，小于此值的所有区间被视为“支付意愿小于平均值”，赋值为0；大于此值的所有区间为“支付意愿大于平均值”，赋值为1。1出现的概率为P，则0出现的概率为（$1-P$）。建立二分类logistic模型（高歌，张明芝，2003）：

$P_r(1)=P=1/(1+e^{-z})$

$P_r(0)=1-P=e^{-z}(1+e^{-z})$

比数 $\text{Odds}=P_r(1)/P_r(0)=P/(1-P)=e^z$，$z=f(x)$ 为影响因素的线性函数，两边同取对数得logistic模型：

$\ln(Odds)=\ln(P/(1-P))=z=f(x)$，$X_i$，$i=1,2,3\cdots k$

当其他因素固定不变时，X_i 的不同取值水平可引起比数比 $\text{Odds}_1/\text{Odds}_2$ 的变化，即为对因变量“支付意愿是否大于平均值”的概率P的变化的估计。

11.5.1 利用价值敏感性分析

上述计算已经报告了利用价值个人支付的WTP的可能区间为136.77~178.36元，为方便计算，取150元作为代表值，建立新变量

WTPa，对于小于 150 元的支付意愿赋值为 0，大于 150 元的支付意愿赋值为 1。

以 *WTPa* 作为因变量，选择年收入、性别、年龄、职业、受教育水平、旅行花费、费用来源、旅游频次作为自变量。年收入作为等级变量，其余自变量作为分类变量，并由 SPSS 自动转化成哑变量，且都以第一个取值水平作为对照组。年收入强制进入模型，其余自变量进入模式进行逐步回归，以似然比为判断依据，进入模型的显著性水平为 < 0.05，剔除的显著性水平为 >0.1。哑变量赋值变换情况如表 11 -9。

表 11 -9　利用价值敏感性分析哑变量赋值表

		Frequency	Parameter coding						
			(1)	(2)	(3)	(4)	(5)	(6)	(7)
职业	公务员/企事业单位管理人员	35	0.000	0.000	0.000	0.000	0.000	0.000	0.000
	其他	5	1.000	0.000	0.000	0.000	0.000	0.000	0.000
	企业事业单位职员	25	0.000	1.000	0.000	0.000	0.000	0.000	0.000
	教师/学生/研究人员	18	0.000	0.000	1.000	0.000	0.000	0.000	0.000
	医护人员	3	0.000	0.000	0.000	1.000	0.000	0.000	0.000
	商业/服务业/运输业人员	10	0.000	0.000	0.000	0.000	1.000	0.000	0.000
	工人	4	0.000	0.000	0.000	0.000	0.000	1.000	0.000
	离退休	2	0.000	0.000	0.000	0.000	0.000	0.000	1.000
受教育水平	小学及以下	4	0.000	0.000	0.000	0.000	0.000		
	初中	3	1.000	0.000	0.000	0.000	0.000		
	高中	16	0.000	1.000	0.000	0.000	0.000		
	大专	31	0.000	0.000	1.000	0.000	0.000		
	本科	39	0.000	0.000	0.000	1.000	0.000		
	研究生及以上	9	0.000	0.000	0.000	0.000	1.000		

（续）

		Frequency	Parameter coding						
			(1)	(2)	(3)	(4)	(5)	(6)	(7)
年龄	1~19	6	0.000	0.000	0.000	0.000	0.000		
	20~29	21	1.000	0.000	0.000	0.000	0.000		
	30~39	30	0.000	1.000	0.000	0.000	0.000		
	40~49	28	0.000	0.000	1.000	0.000	0.000		
	50~59	13	0.000	0.000	0.000	1.000	0.000		
	60 以上	4	0.000	0.000	0.000	0.000	1.000		
旅游花费	500 以下	19	0.000	0.000	0.000				
	501~1000	46	1.000	0.000	0.000				
	1001~1500	24	0.000	1.000	0.000				
	1500 以上	13	0.000	0.000	1.000				
收入	4 万以下	67	0.000	0.000					
	4~8 万	20	1.000	0.000					
	8 万以上	15	0.000	1.000					
游览频率	第一次	80	0.000	0.000					
	偶尔或经常	22	1.000	0.000					
费用来源	公费	40	0.000						
	自费	62	1.000						
性别	男	71	0.000						
	女	31	1.000						

表 11-10、表 11-11 为第一步回归，强制 Y（年收入）进入模型后，似然比检验（卡方检验）为 0.029 小于 0.05，说明 Y 对模型具有解释效力，从回归系数表也可以看出，Y 系数整体检验显著性为 0.037，小于 0.05。因此，年收入进入模型是有效的。

表 11-10　利用价值敏感性分析似然比检验值表

		Chi-square	df	Sig.
Step 1	Step	7.091	2	0.029
	Block	7.091	2	0.029
	Model	7.091	2	0.029

表 11－11　回归系数值表

		B	S. E.	Wald	df	Sig.	Exp (B)
Step	Y			6. 597	2	0. 037	
1 (a)	Y (1)	1. 366	0. 549	6. 181	1	0. 013	3. 920
	Y (2)	0. 652	0. 576	1. 283	1	0. 257	1. 920
	Constant	－0. 519	0. 253	4. 218	1	0. 040	0. 595

a　Variable (s) entered on step 1：Y.

表 11－12、表 11－13 是在第一步回归基础上，采用逐步回归纳入其余自变量的计算结果。共进行了两次逐步回归，分别纳入了旅行费用和游览频率两个变量。

表 11－12　似然比检验值表

		Chi－square	df	Sig.
Step 1	Step	8. 768	3	0. 033
	Block	8. 768	3	0. 033
	Model	15. 859	5	0. 007
Step 2	Step	6. 275	2	0. 043
	Block	15. 044	5	0. 010
	Model	22. 135	7	0. 002

表 11－13　回归系数值表

		B	S. E.	Wald	df	Sig.	Exp (B)
Step	Y			3. 261	2	0. 196	
1 (a)	Y (1)	1. 056	0. 586	3. 245	1	0. 072	2. 875
	Y (2)	0. 370	0. 649	0. 325	1	0. 568	1. 448
	Tracost			8. 032	3	0. 045	
	Tracost (1)	0. 316	0. 624	0. 256	1	0. 613	1. 371
	Tracost (2)	1. 227	0. 734	2. 796	1	0. 095	3. 412
	Tracost (3)	1. 965	0. 859	5. 237	1	0. 022	7. 133
	Constant	－1. 096	0. 526	4. 332	1	0. 037	0. 334

（续）

		B	S. E.	Wald	df	Sig.	Exp（B）
Step	Y			3.051	2	0.217	
2（b）	Y（1）	1.028	0.593	3.005	1	0.083	2.795
	Y（2）	0.443	0.664	0.444	1	0.505	1.557
	Times（1）	1.247	0.566	4.858	1	0.028	3.481
	Tracost			8.637	3	0.035	
	Tracost（1）	0.632	0.676	0.873	1	0.350	1.881
	Tracost（2）	1.559	0.787	3.920	1	0.048	4.752
	Tracost（3）	2.247	0.906	6.150	1	0.013	9.459
	Constant	-1.647	0.622	6.999	1	0.008	0.193

a Variable（s）entered on step 1：Tracost.

b Variable（s）entered on step 2：Times.

由最终的回归结果表 11-13 中的 Step2（b）可以看出：模型共包括了年收入 Y、旅行费用 Tracost、游览频率 Times1。在年收入中，以“4 万元以下”作为对照组，“4~8 万元”一组的系数检验显著性为 0.83，小于 0.1，具有一定的显著性水平，比数比 Exp（B）为 2.795，即 $Odds_1/Odds_0=2.795$，说明年收入在 4~8 万元的游客比年收入在 4 万元以下的游客更愿意支付高额的门票价格；年收入在 8 万元以上的一组与对照组相比不具有显著性，说明他们在门票的 WTP 上没有明显差异。旅行费用在“1001~1500”的一组与对照组相比，回归系数有效，显著性水平小于 0.05，比数比为 4.752，说明旅行费用为“1001~1500”的一组游客意愿支付更高门票的意愿强度是对照组（500 元以下）的 4.752 倍。同样，“1500 以上”一组的回归系数则明显显著（0.013），其意愿支付平均值以上的门票价格的强度是对照组的 9.459 倍。游览频率的显著性水平为 0.028，小于 0.05，比数比为 3.481，说明偶尔或经常在井冈山进行森林旅游的一组与对照组（第一次到井冈山森林旅游）相比，其意愿支付更高水平门票价格的强度是第一次在井冈山进行森林旅游的游客的 3.481 倍。

11.5.2　选择/遗产价值敏感性分析

选择/遗产价值可能的支付意愿的区间为 93.60 ~ 148.46 元。在所划分的支付意愿区间中，只有 100 元介于可能区间之内，因此选择 100 元作为选择/遗产价值的个体代表值，建立新变量 WTPb，支付意愿小于 100 元的赋值为 0，大于 100 元的赋值为 1。所有自变量全部采用逐步回归进入的方式，最后得到如表 11 - 14 结果。

表 11 - 14　选择/遗产价值敏感性分析回归系数值表

		B	S. E.	Wald	df	Sig.	Exp（B）
Step	Y			5.683	2	0.058	
1（a）	Y（1）	1.179	0.547	4.639	1	0.031	3.250
	Y（2）	-0.362	0.601	0.362	1	0.547	0.696
	Constant	-0.331	0.248	1.790	1	0.181	0.718

a　Variable（s）entered on step 1：Y.

结果显示，只有年收入 Y 对“是否大于平均支付意愿”有显著性影响，其余自变量均在回归过程中被剔除掉。年收入的整体检验系数略大于 0.05，其中年收入在“4 ~ 8 万元”一组的回归系数显著性水平为 0.031，小于 0.05，比数比 Exp（B）为 3.250，说明年收入在“4 ~ 8 万元”的游客愿意支付的 WTP 的意愿强度是年收入在“4 万元以下”游客的 3.250 倍；而年收入在“8 万以上”的游客则与对照组在支付意愿上没有明显差别。

11.5.3　存在价值敏感性分析

调查存在价值的可能支付意愿的区间为 110 ~ 184.59 元。选择 150 元作为存在价值的平均值来进行敏感性分析。建立新变量 WTPc，支付意愿小于 150 元的赋值为 0，大于 150 元的赋值为 1。因为采用逐步回归，并以整体似然比作为判断进入模型依据的回归结果不显著，因此，采用手工逐步筛选的方式，将年收入、旅行花费、受教育水平引入模型，各系数的回归结果如表 11 - 15。

表 11－15　存在价值敏感性分析回归系数值表

		B	S. E.	Wald	df	Sig.	Exp（B）
Step	Tracost			6. 269	3	0. 099	
1（a）	Tracost（1）	－0. 883	0. 640	1. 904	1	0. 168	0. 414
	Tracost（2）	－1. 304	0. 811	2. 582	1	0. 108	0. 272
	Tracost（3）	0. 384	0. 855	0. 202	1	0. 653	1. 468
	Y			3. 228	2	0. 199	
	Y（1）	0. 558	0. 584	0. 913	1	0. 339	1. 747
	Y（2）	1. 237	0. 711	3. 026	1	0. 082	3. 447
	Edu			1. 286	5	0. 936	
	Edu（1）	－21. 854	23145. 504	0. 000	1	0. 999	0. 000
	Edu（2）	－0. 746	1. 159	0. 414	1	0. 520	0. 474
	Edu（3）	－0. 771	1. 120	0. 474	1	0. 491	0. 463
	Edu（4）	－0. 747	1. 099	0. 461	1	0. 497	0. 474
	Edu（5）	－0. 042	1. 334	0. 001	1	0. 975	0. 959
	Constant	0. 524	1. 123	0. 218	1	0. 641	1. 689

a　Variable（s）entered on step 1：Tracost，Y，Edu.

由表 11－15 可以看出，年收入在“8 万以上”一组的系数显著性水平为 0. 082，小于 0. 1 的显著性水平，比数比为 3. 447，说明年收入在“8 万以上”的游客 WTP 的支付意愿强度是年收入“4 万以下”游客的 3. 447 倍；年收入在“4～8 万”的游客在保护野生生境永续存在的支付意愿上与“4 万以下”的游客没有显著性差异。旅行花费在整体显著性上（0. 099）略小于 0. 1，在 0. 1 显著性水平上有效，但是三个取值水平的哑变量的系数显著性均大于 0. 1，只有旅行花费在“1001～1500”一组显著性最小，为 0. 108；虽然显著性水平不明显，但是从系数符号和比数比可以判断出变化趋势：与对照组“500 元以下”相比，“501～1000”和“1001～1500”两组意愿支付更高额度保护费用的强度是降低的。这与旅行花费对利用价值的敏感性分析结果恰恰相反。在其他因素固定不变的情况下，受教育水平在分析结果中没有通过显著性检验，这与人们的常识即“受教育程度越高，环保意识越强烈”相反。井冈山的实际研究结果表明，游客的受教育水平对环保支付意愿并不构成显著性影响。

11.6　结论

（1）根据2008年井冈山旅游人数，计算得到井冈山森林游憩利用价值为5.06～6.60亿元，遗产/选择价值为3.46～5.49亿元，存在价值为4.07～6.83亿元，总经济价值为12.59～18.92亿元。从总价值的构成中可以看出，森林游憩的利用价值（森林游憩服务的直接价值）在森林游憩总价值中只占到35%～40%，非利用价值占森林游憩总价值中的大部分。这与国内外的相关研究结果一致（陈应发，陈放鸣，1994）。

（2）2008年，井冈山森林游憩的利用价值小于2008年旅游总收入26亿元，但是在前面已经阐述过，森林旅游收入中不仅包括游客支付游览的费用，还包括交通运输、食宿、购物等费用。2008年，井冈山旅游收入中的门票收入在5.77亿左右，这部分费用是游客直接支付给景区旅游服务的“价格”。如果将门票收入按照森林景观服务和人文景观服务进行等比例分配，则游客支付给森林景观服务的价格要远小于其支付意愿。

（3）年收入、旅行费用、游览频率对游客的支付意愿有显著影响。年收入“4～8万”的游客WTP的支付意愿强度是年收入“4万以下”的游客的2.795倍；年收入“8万以上”的游客与4万以下的游客相比没有明显差异。旅行费用为“1001～1500”的一组游客的支付意愿强度是“500元以下”的4.752倍；“1500以上”支付意愿强度是“500元以下”的9.459倍。偶尔或经常在井冈山进行森林旅游的游客支付意愿强度是第一次在井冈山进行森林旅游的游客的3.481倍。

（4）游客的年收入对选择/遗产价值的支付意愿有显著性影响。年收入在“4～8万元”的游客的WTP的支付意愿强度是年收入在“4万元以下”游客的3.250倍；而年收入在“8万以上”的游客则与对照组

在支付意愿上没有明显差别。其他因素对 WTP 没有明显影响。

（5）年收入和旅行花费对游客保护森林游憩资源永续存在的支付意愿强度有弱显著性影响。年收入在“8 万以上”的游客的 WTP 的支付意愿强度是年收入“4 万以下”游客的 3.447 倍；年收入在“4～8 万”的游客与“4 万以下”的游客没有显著性差异。与旅行费用在“500 元以下”相比，“501～1000”和“1001～1500”两组游客的支付意愿强度是降低的。在收入和旅行花费因素固定不变的情况下，受教育水平对环保支付意愿不构成显著性影响。

参考文献

白秀萍 . 1993. 日本城市森林发展的研究［A］，城市森林的发展研究

北京市统计局 . 2000 ~ 2009. 北京市统计年鉴 2000 ~ 2009［M］. 北京：中国统计出版社

陈昌笃，鲍世行 . 1994. 中国的城市化及其发展趋势［J］. 生态学报，4（1）：84 - 90

陈洁 . "一环林带"森林减少 843 公顷，林城贵阳网，2008 - 01 - 07. http：//www. guiyang. cn/zhuanti/jsst/hjjs/lhgc/20080305/113222. html

陈应发 . 1994. 国外森林游憩的经济价值评估［J］. 广东林业科技，（3）：32 - 34

陈自新，苏雪痕，刘少宗等 . 1998. 北京城市园林绿化生态效益的研究［J］. 中国园林，14（6）：53 - 56

程志楚 . 2008. 基于森林资源清查的森林生物多样性评估指标研究［J］，天津农林科技，（2）：30 - 32

东方法眼 . 中华人民共和国环境保护法，http：//www. dffy. com/faguixiazai/xzf/200512/20051202105134 - 2. htm

董峻、周之江 . 中国城市森林加速发展提供更多生态空间，2004 - 11 - 19，http：//www. nmg. xinhuanet. com/xwzx/2004 - 11/19/content_ 3248697. htm

符气浩，杨小波，吴庆书 . 1996. 城市绿化的生态效益［M］. 北京：中国林业出版社

高歌，张明芝 . 2003. 多分类有序反应变量 Logistic 回归及其应用［J］. 同济大学学报 . 31（10）：1237 - 1241

高清 . 1984. 都市森林［M］. 台北：台北编译出版社

广州市林业局 . 加快发展林业生态产业促进山区农民增产增收，2009 - 7 - 8，http：//www. gzf. gov. cn/sxdjfzt/min_ content. asp Newid = 3277

郭志刚 . 2005. 社会统计分析方法：SPSS 软件应用，北京：中国人民大学出版社

国家环境保护局，1998. 中国生物多样性国情研究报告，北京：中国环境科学出版社

国家林业局森林资源管理司 . 2004. 全国森林资源统计（1999 ~ 2003）［R］. 国家

林业局
国家林业局．国家森林城市评价指标，http：//www. chinavalue. net/media/Article. aspx ArticleId =6085，2007 –05 –22
国家林业局．2009. 中国林业统计年鉴(2008)[R],北京：中国林业出版社
国家统计局城市社会经济调查司．2009. 中国城市统计年鉴（2008），北京：中国统计出版社
国家统计局．2008. 中国城市统计年鉴2007，北京：中国统计出版社
国家统计局．2008. 中国统计摘要2008，北京：中国统计出版社
何兴元，宁祝华．2002. 城市森林生态研究进展［M］，北京：中国林业出版社
贺征兵，吉文丽，胡淑萍等．2008. 基于CVM的景观游憩价值评估研究——以太白山国家森林公园为例［J］．西北林学院学报．23（5）：213 –217
侯元兆等．2005. 森林资源核算［M］，北京：中国科学技术出版社
胡明形．2002. 森林游憩价值核算的几种主要方法评述，森林环境价值核算（侯元兆主编），北京：中国科学技术出版社
湖南省林业厅资源林政处．湖南森林资源统计，2010 –01 –15，http：//www. hnforestry. gov. cn/listinfo. aspx ID =111586
姜东涛．2001. 城市森林与绿地面积的研究［J］．东北林业大学学报，29（1）：70 –73
蒋有绪．2004. 城市森林是现代化健全的城市生态系统的基础［J］．中国城市林业，2（2）：4 –7
勒爱仙，田呈明，赵鹏．2006. 中国城市森林生物灾害的发生现状及控制展望[J]. 林业科学研究，(5)：653 –659
李佳鹏．2005. 资源浪费源于制度“缺失”［J］．信息导刊．（29）
李金昌．1999. 生态价值论［M］，重庆：重庆大学出版社
李金华．2000. 中国可持续发展核算体系（SSDA），北京：社会科学文献出版社
李顺龙．2006. 森林碳汇问题研究［M］，哈尔滨：东北林业大学出版社
李文华，欧阳志云，赵景柱．2002. 生态系统服务功能研究［M］．北京：气象出版社
李周，徐智．1984. 森林社会效益计量研究综述［J］．北京林学院学报，(4)：61 –70
联合国环境规划署（UNEP）．1995. 全球生物多样性评估［R］
粮农组织（罗马）．1997. 林产品与相关服务产业的发展趋势与现状，世界森林状况

林震岩 . 2007. 多变量分析 – SPSS 的操作预应用 [M], 北京: 北京大学出版社

刘亚萍, 金建湘, 潘晓芳 . 2005. 生态旅游区非使用价值的评估方法——CVM 法 [J] . 绿色中国 . (14): 39 – 42

刘再兴 . 1996. 区域经济理论与方法, 北京: 中国物价出版社

刘铮, 周英峰 . 我国城市化水平快速提高, 城市数量已达 655 个 . "http: //finance. jrj. com. cn/2008/11/0418492553608. shtml"

罗杰 · 珀曼, 马越, 詹姆斯 · 麦吉利夫雷等 . 2002. 自然资源与环境经济学 [M] . 北京: 中国经济出版社

马世骏, 王如松 . 1984. 社会—经济—自然复合生态系统 [J] . 生态学报, 4 (1): 1 – 9

每日商报记者 . 杭州等 4 个城市被授予国家森林城市称号, http: //hz. house. sina. com. cn, 2009 年 5 月 8 日

内蒙古建设厅 . 内蒙古自治区建设厅文件内建工 [2008] 319 号, 2009 – 5 – 12, http: //hd9008230. ourhost. cn/Article_ Show. asp ArticleID = 86

宁波市绿化办, 国家园林城市标准, http: //www. blcg. gov. cn/show. asp id = 3321&pg = 0, 2006 – 2 – 8

欧阳志云, 肖寒等 . 1999. 海南岛生态系统服务功能及空间特征研究 [A] . 赵景柱, 等 . 社会 – 经济 – 自然复合生态系统可持续发展研究 [C] . 北京: 中国环境科学出版社

齐志坚 . 2006. 北京园林年鉴 (2006) 北京: 中国统计出版社

钱妙芬, 张友金 . 2000. 行道绿化夏季小气候效应及模糊综合评价[J] . 南京林业大学学报, 24 (6): 55 – 58

宋永昌 . 2004. 城市森林研究中的几个问题 [J] . 中国城市林业, 2 (1): 4 – 9

孙立达 . 1993. 小流域综合治理的动态监测与效益评价研究进展 [J] . 水土保持学报, 7 (4): 84 – 95

王木林 . 1995. 城市森林的研究与发展 [J] . 林业科学, 31 [J]: 460 – 466

王效科, 冯宗炜 . 2000. 中国森林生态系统中植物固定大气碳的潜力[J] . 生态学杂志, 19 (4) : 72 ~ 74

王义文 . 1994. 城市森林的兴起及其发展趋势 [J] . 世界林业研究, 5 (1): 42 – 49

魏殿生 . 2003. 造林绿化与气候变化——碳汇问题研究 [M], 北京: 中国林业出版社

吴亚东, 殷平 . 2009. 近二十年国内旅游资源价值评价研究文献分析 [J] . 旅游论

坛.2（3）：343－347

吴泽民.1993. 城市林业的发展及城市森林的经营管理［J］. 安徽农业大学学报，20（4）：359－36

肖风劲等.2004. 中国森林健康生态风险评价［J］. 应用生态学，349－353

肖胜等.2002. 应用遥感技术研究厦门热岛效应与植被覆盖的关系［J］. 东北林业大学学报，30（3）：141－143

肖兴威.2005. 中国森林资源清查［M］. 北京：中国林业出版社

新京报. 国家统一伤亡赔偿标准不该有上限无下限. 新浪财经纵横，2005－02－18，http：//finance. sina. com. cn/review/20050218/09001365678. shtml

许昌市政府. 许昌市春季森林防火形势浅析，2010－01－12，http：//www. xuchang. gov. cn/egov/outsite/siteinfoshow. jsp colsn＝601&id＝7764

叶功富，洪志猛.2004. 城市森林学［M］. 厦门大学出版社

叶镜中.2000. 城市林业的生态作用与规划原则［J］. 南京林业大学学报，24（1）：13－16

于雯雯.2008. CVM 方法在生态旅游资源价值评估中的应用［D］. 北京：首都师范大学出版社

于洋，王尔大，刘爱玲等.2009. 国内外旅游资源游憩价值评估研究综述［J］. 华东经济管理.23（9）：140－146

岳金柱，冯仲科，杨晓琴，姜伟.2006. 把林火灾害问题纳入风险管理范畴的探讨［J］. 林业资源管理，（4）：24－27，56

曾庆波.1994. 海南岛尖峰岭热带林生态系统的水分循环研究，周晓峰：中国森林生态系统定位研究，哈尔滨：东北林业大学出版社

张建国.1997. 论现代林业［J］，世界林业研究，（4）

张颖.2002. 中国森林生物多样性评价［M］，北京：中国林业出版社

张颖.2007. 绿色财富：森林社会效益评价与核算［M］. 北京：中国环境科学出版社

张颖.2010. 森林绿色核算的理论和实践［M］，北京：中国环境科学出版社

张颖.2009. 我国林木核算模型及其最优核算价格计算［J］，林业经济，209（12）：49－52

张颖.2010. 我国森林碳汇核算的计量模型研究［J］，北京林业大学学报，（2）

赵同谦，欧阳志云，郑华，王效科，苗鸿.2004. 中国森林生态系统服务功能及其价值评价［J］，自然资源学报，19（4）：480－492

中国生物多样性国情研究报告编写组.1997.中国生物多样性国情研究报告［M］，北京：中国环境科学出版社

中华人民共和国国家统计局.2009.中国统计年鉴2009，北京：中国统计出版社

祝宁，李敏，柴一新.2002.哈尔滨市绿地系统生态功能分析［J］.应用生态学报，13（9）：1117－1120

A·迈里克·弗里曼（A. Myrick Freeman III）著，曾贤刚译.2002.环境与资源价值评估—理论与方法.北京：中国人民大学出版社

Aeharya G. Approaches to valuing the hidden hydrological services of wetland ecosystems ［J］，Ecol－Ecom，2000，35：63－74

Alexand A. M. A method of valuing global eco－system services ［J］.Ecol－Ecom，1998，27：161－170

Bacilli M. J.，Mendelsohn L. Assessing the economic value of traditional medians from tropical rain forest ［J］，Conservation Biology，1992

Bateman I. J，Carson R. T，Day B，et al. Economic Valuation With Stated Preference Techniques：A Manual ［M］.Cheltenham，United Kingdom：Edward Elgar，2002

Beckett K. P，Smith P. H.，Taylor G. Urban woodlands：their role in reducing the effects of particulate pollution ［J］.Environmental Pollution，1998，99（3）：347－360

Cecil C.，Konijnendijk，Anders Busse Nielsen，Jasper Schipperijn，Yngve Rosenblad，Heldur Sander，Mikk Sarv，Kirsi Makinen，Liisa Tyrvainen，Janis Donis，Vegard Gundersen，Ulrika Akerlund，Roland Gustavsson. Assessment of urban forestry research and research needs in Nordic and Baltic countries，Urban Forestry & Urban Greening 6（2007），297－309

Costanza R. et al The value of the world' s ecosystem services and natural capital ［J］，Nature. 1997，vol. 387，253－260

FAO. FRA2000－terms and Definitions ［R］.Forest Resoures Assessment Programme Working Pager，Rome，1998.（1）：4－8

Gene W. G. The Urban Forest：Comprehensive Management ［M］.Newyork：Wiley，1996，18－23

Georgia Forestry Commission. Georgia model urban forest book. "Georgia' s Urban and Community Forestry program is an essential component in the daily lives of the citizens of Georgia" from Georgia' s Urban & Community Forest － An Assessment and Five－Year Strategic Plan 2000 － 2004. The Georgia Forestry Commission，2000

Gobstter P. H. Urban Savanna: reuniting ecological preference and function [J]. Restoration and Management Notes, 1994, 12 (1): 64 - 71

Grams. Economic valuation of special forest Products: an assessment of Methodological shortcomings [J], Ecol - Ecom, 2001, 36: 109 - 117

Grey G. W. , Deneke F. J. Urban Forestry [M] . New York, 1978: 12 - 18

Jeffrey Englin and Robert Tmendelsohn. A Hedonic Travel Cost Analysis for Valuation of Multiple Components of Site Quality: The Recreation Value of Forest Management, JOURNAL OF ENVIRONMENTAL ECONOMICS AND MANAGEMENT 21, 275 - 290 (1991)

Kramer R. , Munasinghe M. Valuing a protected tropical forest: a case study in Madagascar [J], IUCN, Cambridge, 1994

Kukeheknelsiter G. , Braocts S. Urban forestry revisited [J] . Unasylva, 1993. 3 - 12

Lockwood M. Integrated value assessment using paired comparisons [J], Ecol - Ecom, 1998, 25: 73 - 87

Mark J. A brief history of urban forestry in the United states [J] . Arboricult. J, 1996, 257 - 275

Pearce D. M. and Moran D. (Eds) . The economic value of biodiversity [M], IUCN, Cambridge, 1994

Pimentel D. Economic benefits of natural biota [J] . Ecol - Ecom, 1998, 25: 45 - 47

Pimentel D. et al. Environmental and economic costs of soil Erosion and Conservation benefits [J] . Science, 1995, 267: 1117 - 1123

后　记

目前，我国城市化发展已进入加速期。但随着城市的发展，如何改变城市环境恶化，能源、资源环境压力加剧等已成为城市化发展必需面临和解决的热点问题。

城市森林被视为现代化城市的一个重要标志，也是根治城市环境污染的根本之策。本书研究表明：我国城市森林按建成区绿化覆盖面积计算，面积、蓄积分别为1.02万km^2和3520.02万m^3。2007年全国城市森林平均覆盖率为34.27%。每年我国城市森林的环境影响总价值为1103.55亿元，其中，经济环境影响占总价值的20.37%；生态环境影响占64.79%；社会环境影响占15.98%；生态风险损失占总环境影响价值的-1.14%。研究还对北京市森林生态风险损失、井冈山森林游憩价值进行了评价和案例研究，并建议加强城市森林征占用地和乱砍滥伐等人为干扰胁迫风险管理。这些研究结果，足见加强城市森林管理和保护的迫切性和重要性。

在过去的数十年中，作者一直从事自然资源和环境的价值评价与核算研究，尤其从事森林资源评价和核算的研究。迄今为止，还没有发现一本专门研究城市森林环境影响评价的书籍，《中国城市森林环境效益评价》无疑填补了该研究领域的空白。作者也非常感谢教育部“新世纪优秀人才支持计划”（NCET-06-0123）的资助。

由于本书涉及的内容较广，也是作者在美国耶鲁大学有关研究工作的一个后续，加之作者才疏学浅，时间有限，又缺乏相应的数据支持，虽已成书，错误在所难免。在此，望读者不吝指教！

作者能在城市森林环境影响评价问题的研究上做一点工作感到十分高兴，并真诚地希望它能使每一位读者有所裨益！

张　颖

2010年4月20日于北京